Fire Dynamics for Firefighters - edition 2

소방관을 위한 화재대응공학

저자
벤자민 워커
Benjamin Walker BA(Hons) FIFireE (Godiva Award) MSoA EMT

션 라펠
Shan Raffel AFSM EngTech CFIFireE CF

편집 및 번역
이형은 김준경 한창우

감수
윤태승 양재영

검수
최창모 최기덕 최힘찬 이병주 홍덕우 하명호

구획실 화재진압 시리즈 1부
Compartment Firefighting Series Volume 1

CONTENTS

저자 소개
About the authors

001

축사
Congratulatory Address

007

역자서문
Translator's Foreword

011

편집위원
Editors

017

서문
Foreword

025

저자 서문
Authors' foreword

027

헌신에 감사하며…
Dedication

031

제1장
Chapter 1

소방관을 위한 기초 화재대응공학
Basic Fire Dynamics Science for Firefighters

037

제2장
Chapter 2

연소 과정
The Combustion Process

055

제3장
Chapter 3

불꽃
Flames

083

제4장
Chapter 4

화재 성장 과정
Fire growth

095

제5장
Chapter 5

급격한 화재 발달(화재이상현상)
1 – 플래시오버

Rapid Fire Developments
1 - Flashover

113

제6장
Chapter 6

급격한 화재 발달(화재이상현상)
2 – 백드래프트 현상

Rapid Fire Developments
2 - Backdraft

127

제7장
Chapter 7

급격한 화재 발달(화재이상현상)
3 – 화재 가스 발화

Rapid Fire Developments
3 - Fire Gas Ignition

145

제8장
Chapter 8

급격한 화재 발달(화재이상현상)
4 – 토치, 바람으로 인한 화재와 외부 확산 화재

Rapid Fire Developments
4 - Blowtorch, Wind Driven and External Spread Fires

159

제9장
Chapter 9

건물과 건축이 화재대응공학에 미치는 영향

Effect of building and construction on fire dynamics

175

제10장
Chapter 10

주수

Water Application

191

제11장
Chapter 11

화재대응공학 – '주목할 만한 사례들'

Fire Dynamics - 'Notable events'

213

제12장
Chapter 12

결론

Conclusion

237

참고문헌
References

2018. 션 라펠(Shan Raffel) 교관과 한국 일본 태국 말레이시아 인도네시아의 CFBT Lv1 국제 강사들(CFBT-Thailand에서

CFBT-I INTERNATIONA

2019. 션 라펠(Shan Raffel) 교관과 한국 태국 말레이시아 몰디브의 CFBT Lv2 국제 강사들 (CFBT-Thailand에서)

2023. 션 라펠(Shan Raffel)과 벤자민 워커(Ben Walker) 교관, 그리고 한국 말레이시아 몰디브의 CFBT Lv1 국제 강사들 (CFBT-Thailand에

NSTRUCTOR COURSE

MARCH 27th - 31st, 2023
CFBT-THAILAND

Fragile 흠므흠
Deognoo LFL

저자 소개 About the authors

벤자민 워커
Benjamin Walker

벤자민 워커는 세계적으로 인정받는 프리젠터이자 국제 구획실 화재성상훈련 강사(International Compartment Firefighting Instructor)이다.

메트로폴리탄 타인 앤 웨어 소방(Metropolitan Tyne & Wear Fire Brigade)에서 소방관 생활을 시작한 벤자민 워커는 유럽에서 가장 바쁜 소방서에서 근무하고 지휘했다. 이후 작은 시골 소방서에서 근무한 뒤 미국에서 안식년을 보내며 여러 소방 관련 자격증을 취득하고 FEMA의 비상 관리 자격을 공부했다.

영국으로 돌아와 런던 소방대(London Fire Brigade)의 구획실 화재진압 훈련을 담당한 그는 영국소방기술자협회(the Institution of Fire Engineers)로부터 그 공로를 인정받아 고디바 상(Godiva Award)을 수상했다. 그 후의 업적과 공헌을 인정받아 40세에는 협회 펠로우십을 받기도 했다. 또 시카고 소방(Chicago Fire Department), 뉴포트 소방(Newport FD), 로드아일랜드 프로비던스 로저 윌리엄스 대학(Roger Williams University)에서 응급 의학을 공부하는 등 미국 내 소방 EMS 부서에서 근무했다. 프리젠터 및 강사로서 수요가 많아 인디애나폴리스(Indianapolis)에서 열리는 세계 최대 규모의 컨퍼런스인 FDIC에서 여러 차례 강의했으며, 전 세계 소방관의 업무 중 순직을 줄이기 위한 노력을 계속하고 있다.

저자 소개 About the authors

그는 스카이 뉴스(Sky News), BBC, 러시아 투데이(Russia Today) 및 기타 여러 언론 매체의 소방 분야 전문가로 출연하고 있다. 가디언, FIRE, 화재 위험 관리(Fire Risk Management), 파이어엔지니어링(Fire Engineering) 등에 기고도 하고 있다.

벤(Ben)은 영국의 맞춤형 소방 및 안전 컨설팅 회사인 이그니스 글로벌(Ignis Global Ltd)의 대표 겸 이사로 소방 서비스, 기업 및 개인 고객에게 교육, 안전/위험 관리 자문을 제공하고 있다. 이그니스 글로벌은 버밍엄 시티 대학교(Birmingham City University)를 대신하는 ABBE(영국 건축 환경 인증 기관)의 공식 교육 제공업체로, 화재 위험 평가 학위 및 자격증, 방화문 점검 자격증 등의 과정을 제공하고 있다. 화재 안전 감사관(WFST), 기술 구조 강사(IRRTC) 등 다양한 교육 과정도 제공한다.

저자 소개 About the authors

션 라펠
Shan Raffel

🔥

  션 라펠은 1983년부터 호주 브리즈번(Brisbane, Australia)에서 소방관으로 근무했다. 1994년 소규모 오토바이 대리점에서 비교적 일상적인 화재 진압 작전을 수행하던 중 동료 두 명이 순직하면서 그의 경력에 큰 변화가 생겼다. 검시관 보고서에서는 두 사람이 심한 화상을 입고 호스 라인에서 이탈하여 의식을 잃은 채 발견된 원인을 밝혀내지 못했다.

  1996년 록햄튼(Rockhampto) 백패커스 호스텔(Backpackers Hostel) 화재 출동 시 연기가 자욱한 구역에서 수색 및 구조 작업 중 맹렬한 불길에 동료 두 명이 중상을 입었다.

  이 사건은 그가 1997년 구획실 화재 성상 훈련(CFBT-Compartment Fire Behavior Training)에 대한 국제적인 연구로 이어진 광범위한 보고서를 작성하는 계기가 됐다. 그는 스웨덴과 영국의 교육 기관에서 공부했다. 그 후 3년 동안 호주에서 최초로 국가 공인 CFBT 프로그램을 개발했다. 지금까지 전 세계 수많은 소방 서비스의 교육 시설, 강사 및 교재 개발을 지원하고 있다.

저자 소개 About the authors

 2009년에는 '터널 내 비상사태 대비 및 대응 계획(Planning Preparation and Response to Emergencies in Tunnels)'을 연구하며 '처칠 펠로우십(Churchill Fellowship)'을 수상했다. 이를 위해 10주간의 집중적인 국제 연구 투어가 진행됐다. 여기에는 미국(FDNY), 캐나다, 독일, 오스트리아, 스웨덴, 덴마크, 노르웨이, 스위스의 주요 소방 서비스, 훈련 센터 및 터널 시설 관계자가 포함됐다. 이러한 지식은 호주에서 가장 큰 3대 도로 터널의 비상 대응 계획을 개발하는 데 중요한 역할을 했다.

 그는 26개국에 걸쳐 국제 교육 경험을 쌓았다. 그의 국제 구획실 화재 성상 강사 프로그램(International Compartment Fire Behaviour Instructors program)은 2018년에 국제소방기술자협회 인증(Institution of Fire Engineers recognition) 절차를 통해 국제 자격을 획득하기도 했다(www.linkedin.com/in/shanraffel, 하단 QR코드 참고).

 벤자민과 션은 국제적 코스 운영 지식과 과학적 진보에 따른 정보의 최첨단 업데이트를 지속하기 위해 노력하고 있다. 이들은 전 세계 어디서든 정직하고 개방적인 태도로 소방관들에게 필수적인 정보를 언제든지 접근 가능한 명확한 방식으로 제공한다.

Ben Walker & Shan Raffel Firefighter Training
유튜브 채널, 교육 부교재 영상 수록집

※ 챕터별 참고 영상이 수록돼 있습니다.

축사 Congratulatory Address

윤태승
Yun TaeSeung

중앙소방학교 인재개발과장
(청송소방서장 역임)

🔥

존경하는 소방관 여러분,

여러분의 헌신과 노력에 경의를 표하며,

소방역학에 관한 소중한 지식을 함께 나누는

이 특별한 순간을 맞이하게 되어 기쁘게 생각합니다.

이 책은 소방역학의 핵심 개념을 깊이 있게 다루어

우리가 화재를 더 잘 이해하고, 효과적으로 진압할 수 있는 통찰력을 제공합니다.

우리는 이미 잘 훈련되었지만, 이 책을 통해 전문성을 더욱 높일 수 있을 것이며,

우리를 더 강하게 만들어 줄 것입니다.

국내 화재역학 연구와 전술개발에 열정을 다 하시는 CFBT강사님들의 노고에

감사를 표하며, 이 책의 발간을 축하드립니다.

그리고 새로운 지식을 통해 더욱 안전한 사회를 만드는 여정에서

함께 걷기를 기대합니다.

축사 Congratulatory Address

양재영
Yang JaeYoung

경기도 소방재난본부 수원소방서

소방관을 누구보다 아끼고 사랑하셨던 Shan 교관님의 소중한 책이 출간되어 너무나 기쁩니다. 이 책은 Shan 교관님의 영혼이 담긴 책입니다. 현장 경험과 학문적인 지식을 결합하여 두려움 속에서도 용기있게 버틸 수 있는 힘을 강화하는데 도움이 될 것입니다. Shan 교관님은 대원의 고유한 잠재력을 온 마음으로 믿어주셨습니다. 그의 지혜가 담긴 이 책을 통해 화재 대응 분야에 새로운 통찰력과 전문성을 전달할 것으로 기대됩니다. Shan 교관님이 우리의 스승님이어서 감사합니다. 교관님의 유산과도 같은 이 책을 대한민국 소방관들에게 전달하기 위해 헌신적인 노력을 다해주신 모든 분들께 진심으로 감사를 표합니다. 이 책이 많은 대원들에게 큰 영감을 주기를 기대합니다. 고맙습니다.

이형은, 김준경 강사가 도어엔트리를 실시하고 있다.

역자서문 Translator's Foreword

이형은
Lee HyungEun

서울소방재난본부(Seoul Metropolitan Fire&Disaster Headquaters)
CFBT International Lv2 Instructor

🔥

　대한민국에 실화재훈련 기법이 소개된 지 어느덧 7년의 세월이 흘렀습니다.

　실화재훈련은 2016년 6월 경기소방학교에서 2주간 이 책의 저자인 션 라펠(Shan Raffel) 국제 강사님이 운영하신 전국 화재진압교관 대상 실화재교육(Compartment Fire Behavior Training)에서 처음 접했습니다.

　그때까지만 해도 그저 화재를 잠시나마 체험하고 경험할 수 있는 화재 현장을 대체하는 수단 정도에 불과했습니다. 수년이 지난 지금은 대한민국 소방에서, 특히 화재 진압분야에서 가장 각광받고 주목받는 훈련기법이 됐으니 참으로 격세지감(隔世之感)이 아닐 수 없습니다.

　당시엔 화재관련 자격취득 자체도, 굳이 자비를 들여 개인휴가를 사용하고 개인보호장비까지 다 짊어지고 화재훈련을 하러 국외로 간다는 것도 이해가 안 되던 시기였습니다. 지금은 그 어느 때보다 관심과 응원을 받는 분위기로 변모해 마치 본인은 그 자리에 서 있으나 세상이 빨리 변해가는 것 같은 착각이 들 때도 있습니다.

역자서문 Translator's Foreword

   2019년 이후 중앙소방학교에서 대한민국 두 번째로 실화재훈련장이 건립됐습니다. 경북과 각 시도에서도 기본형태 뿐만 아니라 다양한 유형의 실화재훈련장이 건립되고 있습니다. 이에 션 라펠과 벤 워커의 실화재 진압 시리즈 첫 번째 책을 우리나라 소방에 관심 있는 누구든 이해하기 쉽도록 한글로 편집과 번역하는 작업을 진행하게 됐습니다.

   우리에게는 유구한 '불잡이'의 자랑스러운 역사가 있습니다. 실화재(CFBT)의 개념에는 분명히 우리 불잡이 선배님들의 숨결이, 그리고 현장활동들이 아직 숨 쉬고 있습니다. 다만 그 시대에 우리는 그 이론을 정립하지 못했을 뿐. 이제는 우리 후대가 그 작업을 진행할 때라고 생각합니다. 바로 미래 소방대원들을 위하여. 그리고 대한민국 화재진압분야 전문성 확보와 기술발전, 그리고 화재읽기 보편화를 통한 대원 현장안전을 위하여!

   여러분의 많은 관심과 도움을 바랍니다.

이형은 드림

역자서문 Translator's Foreword

김준경
Kim JoonKyung

서울소방재난본부(Seoul Metropolitan Fire&Disaster Headquaters)
CFBT International Lv2 Instructor

🔥

이 서문을 쓰게 돼 매우 영광스럽습니다.

저는 서울소방에서 근무하는 11년차 화재진압대원으로 이 책의 원작자 션 라펠(Shan Raffel)에게 교육을 받은 전 세계 수많은 CFBT 국제 강사(International Instructor) 중 한명입니다. 션 라펠의 CFBT 이론서 시리즈 중 첫 번째인 이 책은 화재역학에 대해 자세히 알 수 있는 아주 훌륭한 기본서입니다. 단순한 학문적 접근이 아니라 현장에서 우리가 알아야 하는 바로 우리 소방관의 이야기가 담겨 있습니다. 전 일찌감치 화재진압대 관창수 업무를 맡으며 부족한 경험으로 인한 임무 완수에 대한 부담감과 화재를 '잘' 진압하는 방법에 대해 고민하다 CFBT를 알게 됐습니다. 일반적으로 실화재훈련이라고 불리는 CFBT는 기존에 없던 새롭고 획기적인 교육이나 학문이 아닙니다. 우리 한국 소방관들이 화재 현장에서 자연스럽게 행하는 절차, 기술, 기법과 동떨어져 있지 않고 모두 연결돼 있습니다.

역자서문 Translator's Foreword

 단지 차이는 현장활동에서 이뤄지는 진압의 여러 부분을 미시적으로 관찰하고 그것들을 개별적으로 분석해 체계화한다는 점입니다. 이는 우리가 현장에서 화재진압 기술, 기법, 전략, 전술을 이해하고 실행하는 데 많은 선택지와 넓은 시야를 제공하게 됩니다. CFBT는 이론 교육과 Small scale, Large scale 훈련을 통해 화재성상이론, 화재진압이론과 방법을 실제 화재 현장처럼 열기와 연기가 있는 난이도 높은 환경에서 훈련해 그것을 증명하고 해결함으로써 훈련과 현장의 괴리감 없이 배운 바를 그대로 현장활동에 적용할 수 있는 실질적 가이드라인을 제공합니다.

 이는 종국적으로 소방관들의 현장활동 퍼포먼스를 향상시키고 우리 모두를 안전하게 만들 것입니다. 또 현장활동의 아쉬움과 후회를 최소한으로 만들어 줄 수 있는 좋은 방안이 될 수 있습니다. 그 과정으로 걸어가기 위한 첫 과정을 독자분들과 함께 할 수 있어 매우 영광입니다.

 우리의 이야기를 같이 나눠보시죠.

김준경 드림

역자서문 Translator's Foreword

한창우
Han ChangWoo

🔥

　최근 다양한 화재가 발생하고 원인에 따라 적절한 예방 조치와 대응 방안 마련의 필요성이 고조되고 있습니다. 따라서 더욱 쉽게 화재 대응 공학을 이해할 수 있도록 책을 번역하게 됐습니다.

　이 책은 화재 대응에 필요한 다양한 분야의 지식을 전반적으로 다루고 있어 화재 대응에 필요한 이론적 내용을 습득하는 분들에게 도움이 될 것입니다. 물론 전문적인 용어와 개념이 많아 처음 접하는 독자들은 다소 이해하기 어려울 수도 있습니다.

　하지만 책의 내용을 차근차근 따라가고 각 장 마지막에 있는 복습 문제를 잘 활용한다면 화재 대응 공학 분야에서의 지식과 이해력을 크게 향상시킬 수 있을 거라 믿습니다.

　특히 내용마다 실제 있었던 사례를 함께 다루고 있어 단순히 이론으로 접하는 것보다 더욱 쉽게 이해할 수 있을 것입니다. 저희가 번역한 책이 화재 대응 기술에 관심이 있는 독자들에게 많은 도움이 되기를 바랍니다.

　마지막으로, 이 책을 번역하는 데 도움을 주신 분들께 감사의 말씀을 전합니다.

　감사합니다.

한창우 드림

편집위원 Editors

최창모
Choi ChangMo

경북소방학교 화재교수(Fire Proffesor in GyeongBuk Fire Academy)
CFBT International Lv1 Instructor

🔥

  소방관으로 근무한 지 20년 세월이 지나고서야 CFBT를 배우게 됐습니다. 이 과정이 우리 소방관들에게 매우 유익한 교육임을 교육생의 피드백을 통해 알게 됐습니다.

  국내 RIT과정을 최초로 개설하면서 화재역학과 성상의 중요성 그리고 필요성, 사전 예방적 활동의 BE-SAHF 지표읽기를 강조하고 있습니다.

  국내 구급과 구조의 퀄리티는 엄청난 발전을 이룩했습니다. 우리 소방의 근간 화재진압은 어떠한지 이 책을 보는 분들에게 되묻고 싶습니다.

  국내 화재진압은 이제 과거에서 현대로 넘어오는 전환시점입니다. 그 근간을 CFBT와 화재역학 및 성상에 기본을 두고 발전할 것입니다. 이번 과정에 참여한 자체만으로도 무한한 영광이며 대한민국 화재진압대의 발전을 기대해 봅니다.

편집위원 Editors

최기덕
Choi KiDeok

경기도 소방재난본부 안산소방서

🔥

　저는 2006년 신규 소방사로 임용되어 화재진압 활동을 시작하였습니다. 당시만 해도 신규 소방관들은 '선임용 후교육' 형태로 근무를 시작하였습니다. 이러한 임용 및 교육 형태는 신규 임용되어 우선 현장활동을 한 후에 소방학교에 입교하여 신임교육을 받는 것이었습니다. 저는 임용 후 약 10개월 정도 안전센터에서 근무 후 신임교육을 받았습니다. 저는 현장에서 선배들의 가르침을 받아가며 소방호스를 끌고, 장비를 나르고, 선배들 어깨너머로 관창을 조작하는 것을 보며 배우고 있었습니다. 선배들로부터 단편적인 지식만을 전달받고 있었던 제게 소방학교에서의 화재진압 교육은 그동안 알지 못했던 화재의 성상 및 행동과 관련된 내용을 알려주는 정말 재미있는 시간들 이었습니다. 하지만 소방학교를 졸업하고 다시 현장으로 돌아와 화재진압 활동을 하면서 무언가 내가 알고 있는 것이 부족하다는 생각이 들었습니다.

　선배들로부터 '화점이나 화염을 발견하기 전에는 주수를 하지마라.' '대원이 화점실 안에 들어가 있으면 대원을 향해 주수를 하지마라.' 등등의 이야기를 들었습니다. 선배들은 그 이유를 '화점을 발견하기 전에 주수를 하면 시야가 불량해져서 화점을 찾아 갈 수가 없어!' '대원이 안에 있는데 그 쪽으로 주수하면 수증기와 열기가 안쪽의 대원을 향해 몰려가잖아!' 등으로 설명해 주었지만 그 이야기들은 단편적인 지식이었을 뿐이었습니다.

편집위원 Editors

그 후 CFBT를 저보다 먼저 배웠던 양재영 강사로부터 '3D Fire Fighting', 'Fire Dynamics'와 'Reading the Fire' 등등의 책자를 선물 받아 읽어보기 시작했습니다. 위의 책들을 읽으면서 그동안 제 머릿속에 단편적인 지식으로만 쌓여있던 내용들이 조금씩 연결되며 논리적으로 구조화되기 시작했습니다. 하지만 영어실력이 부족했던 저는 영어원문을 정확히 이해하기 위해 많은 노력을 기울여야 했습니다.

이제는 'Fire Dynamics'라는 책이 '소방관을 위한 화재대응공학'이라는 이름으로 대한민국의 소방관들을 위해 출간 되었습니다. 정말 기쁜 일입니다. 앞으로 많은 대한민국의 소방관들이 이 책을 통하여 그동안 화재현장에서 그리고 교육훈련중에 느꼈던 화재성상 및 행동에 대해 가지고 있었던 많은 궁금증을 풀 수 있기를 바랍니다.

그리고 본 책의 편집위원으로 참여할 수 있게 해준 공역자와 동료 편집위원님들께 감사드리며 항상 그 분들에게 '지치지 않고 끝까지 대한민국의 CFBT의 발전을 위해 활동해 주시길 바라며...' 진담 반 농담 반으로

"항상 최선을 다하지 마라. 피곤해서 못 산다!"

라는 말을 다시 한번 전하고 싶습니다. 다시한번 본 책의 편역 출간을 위해 노력하신 모든 분들께 감사의 인사를 전합니다.

편집위원 Editors

이병주
Lee ByeongJu

서울소방재난본부(Seoul Metropolitan Fire&Disaster Headquaters)
CFBT International Lv2

　현장에서 정답을 찾기 위해 노력하시는 모든 분들께 진심으로 도움이 되었으면 하는 바람으로 참여하였습니다. 우리가 출동하는 현장은 매번 다르고 정답은 없습니다. 그렇지만 정답을 찾기 위해 노력하시는 모든 분들께 도움이 될 것이라 확신합니다. 어쩌면 기본이지만 무심코 지나쳤던 또는 무의식적으로 알고는 있었지만 정립되지 못했던 행동이나 지식을 정립함으로써 좀 더 안전하게 구조 대상자를 구조하고 또는 나와 내 동료들까지 보호하며 항상 안전하고 웃으며 퇴근하길 바라겠습니다.

편집위원 Editors

최힘찬
Choi HimChan

서울소방재난본부(Seoul Metropolitan Fire&Disaster Headquaters)
CFBT International Lv1 Instructor

🔥
　대한민국 소방의 근간인 화재진압의 무궁한 발전에 기여하고자 이 과정에 참여했습니다. 매우 영광스럽게 생각하고 있습니다.

　　지피지기 백전불태!

　불을 알고 나를 알면 위태롭지 않습니다. 화재를 읽고 화재를 제어할 줄 알면 화재현장에서 안전하게 활동할 수 있다고 생각합니다. 아는 만큼 보이고 아는 만큼 안전합니다. 독자 여러분께서 이 책을 읽음으로써 화재가 주는 신호, 정보들을 습득하고 그에 맞는 대응으로 나의 안전과 더불어 동료의 안전을 도모하시길 바랍니다.

편집위원 Editors

하명호
Ha MyeongHo

서울소방재난본부(Seoul Metropolitan Fire&Disaster Headquaters)
CFBT International Lv1 Instructor

🔥

　책의 편집위원으로 참여할 수 있어 영광스럽고 감사드립니다.

　소방에 들어와 선배님들에게 "모든 현장은 다 다르다. 그렇기에 상황에 맞춰 행동해야한다"라고 배웠습니다. 상황에 맞는 행동을 하기 위해서는 근거와 해결 방법이 필요합니다. 물론 이 책의 내용이 모든 상황과 행동의 근거가 되지는 않을 것입니다. 하지만 구획실 화재에서는 훌륭한 근거가 될 것입니다.

　선택지를 많이 가지고 있다는 것은 다양한 방법을 가지고 효율적인 행동을 할 수 있게 될 것이며 최적의 결과를 만드는 데 도움이 된다는 것을 뜻할 것입니다.

　먼저 앞선 길을 걸은 사람들의 경험과 지식을 기반으로 이론화된 내용을 이 책을 통해 읽으면서 공감과 공부, 훈련 그리고 현장활동에 도움이 될 수 있다면 좋을 것 같습니다.

　대다수의 사람들이 꺼려하지만 누군가는 해야 할 일을 하는 사람인 소방관이기에 언제나 안전한 근무, 안전한 활동을 하시길 바라며 그 활동에 이 책이 도움이 되기를 바랍니다. 감사합니다.

편집위원 Editors

홍덕우
Hong DeokWoo

서울소방재난본부(Seoul Metropolitan Fire&Disaster Headquaters)
CFBT International Lv1 Instructor

🔥
 편집위원으로 참여할 수 있도록 좋은 기회를 주신 많은 분께 이 자리를 빌려 감사의 인사를 드립니다.

 이 책이 소방의 근간인 화재진압의 탄탄한 기틀을 다지게 되는 역할을 하면 좋겠습니다. 신규임용자 시절 한 선배가 해주신 말씀이 아직도 기억납니다.

"불을 무서워하지 말아라. 그렇다고 불을 무시하지도 말아라"

 그땐 이 말이 무슨 뜻인지 잘 이해하지 못했습니다. CFBT를 배우고 익히니 이제야 그 뜻을 어렴풋이 알 수 있게 되었습니다. 화재를 이해하고 나서야 불에 대한 막연한 두려움과 무시가 없어졌습니다. 근본적 원인에 대해 이해하지 못한다면 나뿐 아니라 내 동료의 안전까지 보장할 수 없게 됨을 의미합니다. 부디 이 책을 읽음으로써 화재에 대한 이해를 넘어 자신과 동료의 안전까지 지킬 수 있는 소방관이 되길 바랍니다.

서문 Foreword

댄 스티븐스
Dan Stephens

웨일스 정부 수석 소방구조국 고문 및 검사관
Chief Fire and Rescue Advisor and Inspector at Welsh Government

🔥

 소방관을 위한 화재대응공학 2판의 서문을 쓸 기회를 준 벤과 션에게 매우 감사하게 생각한다. 지난 제1판에서 꼭 하고 싶었던 일이었지만 당시에는 여러 가지 사정으로 인해 그럴 수 없었다.

 소방관을 위한 화재대응공학은 소방관에 의해, 소방관을 위해 쓰인 책이다. 이 책은 과학적, 기술적 자료를 간단하고 쉽게 이해할 수 있는 형식으로 제시한다. 본인은 신입 소방관으로서, 특히 시험공부를 할 때 경력 형성 단계에 이 책을 알고 정보를 이용할 수 있었다면 매우 유용했을 거로 생각한다.

 경력과 계급에 상관 없이 모든 소방관에게 꼭 필요한 책이라고 믿는다. 이 책은 국가 운영 지침을 보완하는 매우 효과적인 기초 지식을 제공한다. 의심할 여지 없이 상황 인식을 개선해 읽는 모든 소방관의 안전을 향상시킬 것이다. 현직 소방서장으로서 동료 소방관들에게 이 책을 읽어보라고 강력히 추천했다. 벤과 션이 내용을 더욱 보강한 제2판도 마찬가지로 지금까지 그 추천 견해를 유지하고 있다.

 신규임용자 시절과 마찬가지로 지금도 직업에 대한 열정과 열망을 가진 사람으로서 소방관을 위한 화재대응공학 시리즈 관련 간행물을 통해 소방관 안전에 기여한 벤과 션의 공헌을 높이 평가하지 않을 수 없다. 여러분도 내가 그랬던 것처럼 그들의 훌륭한 작업에서 동일한 가치를 얻을 거라고 확신하는 바이다.

저자 서문
Authors' foreword

 이 책은 처음에 모든 수준의 소방대원 및 지휘관 등 현장 실무자가 화재대응공학과 과학에 쉽게 접근할 수 있도록 하기 위해 집필됐다. 화재 공학은 과학 분야이지만, 화재 공학에 대한 기본 입문서라는 의도로 전문 용어와 수학을 가능한 한 최소한으로 사용했다. 이 책의 성공은 놀랍게도 학술 논문에서 인용되고 국제소방기술자협회(IFE)에서 필독서로 활용하면서 전 세계의 많은 소방서, 교육 제공자 및 조직에서 사용하고 있다.

 전문 소방 강사로서의 본업과 함께 IFRA 및 기타 자선 단체의 친구들의 도움을 받아 전 세계 소방관들에게 교육과 지원을 제공한 지 5주년이 다가온다. 이에 우리는 더 많은 도움이 되기 위해 반성하며 앞으로 더욱더 많은 활동을 다짐했다.

▲ 션 라펠(Shan Raffel)과 벤워커(BenJamin Walker)강사가 2023년 태국CFBT훈련장에서 진행된 국제강사 프로그램(International CFBT Instructor Programme)에서 연소공학을 설명하고 있다.

저자 서문 Authors' foreword

션(Shan)은 IFE의 국제 전술 소방(구획실 화재성상 강사 프로그램, IFE's International Tactical Firefighting(Compartment Behaviour Instructors' Programme))을 개발했다. 이 책의 일부가 이 과정을 성공적으로 이수하는 데 필요한 학습 결과의 일부를 다루고 있어 각 장의 마지막에 나열했다. 더 많은 내용은 속편과 과정 중에 링크되어 있다.

또 여행 중에 일부 소방대원은 휴대전화로만 정보를 얻을 수 있고 개발도상국에서는 책을 살 형편이 안 되는 경우가 많다는 걸 깨달았기 때문에 '전자책' 또는 '킨들'을 포함해 출판하고 있다. 여기에는 각국의 소방관들이 친절하게 제공한 공개 도메인 동영상에 대한 하이퍼링크도 추가됐다. 모두 무료로 제공되는 YouTube 채널에서 볼 수 있다. 전 세계 트위터 친구들의 지원에 큰 감사를 드리며 이번 에디션에 간단한 학습 내용을 포함시키는 데 도움이 될 것으로 생각한다.

이 책을 통해 더 많은 것을 배울 수 있기 바란다. 책의 주제에 대한 더 기술적이고 자세한 내용이 담긴 교재로 나아가길 기대한다. 이 책은 이 주제에 대한 보다 상세하고 학술적인 출판물로 나아가는 첫 번째 '디딤돌'이라고 여겨줬으면 한다.

화재 발생 기초에 대한 올바른 이해는 안전하고 효율적인 화재진압 및 구조 활동의 필수적인 토대가 된다. 이를 통해 우리는 봉사하는 지역사회를 보호할 수 있다.

이 책은 이론적인 화재 공학을 현장에서 성공적이고 전문적인 소방 활동으로 연결하고 이 프로젝트에 시간과 정성을 기울여 준 이 분야의 혁신가들이 없었다면 불가능했을 것이다. 특히 빌 고프(Bill Gough), 마틴 애로우스미스(Martin Arrowsmith), 엑스벤져스(The Expendable), 앤드류 스타네스(Andrew Starnes), 바비 할튼(Bobby Halton), 데이비드 케이(David Kay), 매튜 스완(Matthew Swan), 데이비드 페이튼(David Payton), 닉 레이시(Nick Lacey), 션 맥키(Sean McKee), 크리스 개넌(Chris Gannon), 스티븐 번스(Steven Burns), 그리고 우리가 간과한 모든 분께 감사드리며 사과의 말씀을 전한다.

헌신에 감사하며...
Dedication

다른 사람들과 동료들이 배울 수 있도록 해주신 순직 동료분들과 유가족 여러분을 위해 이 글을 씁니다.

크리스 워버튼 QFES(브리즈번 MFB) 1989년
Chris Warburton QFES (Brisbane MFB) 1989

허버트 페넬과 노엘 왓슨 QFES 1994
Herbert Fennel and Noel Watson QFES 1994

제프리 펜폴드 QFES 2001
Jeffery Penfold QFES 2001

폴 배로우 타인 & 웨어 메트로폴리탄 소방대 2010
Paul Barrow Tyne & Wear Metropolitan Fire Brigade 2010

빌리 빈튼 틴 & 웨어 메트로폴리탄 소방대 2007
Billy Vinton Tyne & Wear Metropolitan Fire Brigade 2007

로이 루이스 타인 앤 웨어 메트로폴리탄 소방대 2012
Roy Lewis Tyne & Wear Metropolitan Fire Brigade 2012

헌신에 감사하며... Dedication

이 말을 결코 잊을 수 없다. *Never Forgotten.*

"일어서서 카운트다운을 반복해서 하다 보면 때때로 스스로 쓰러질 수도 있다. 하지만 이것만은 꼭 기억하라. 상대에 의해 쓰러진 사람은 다시 일어날 수 있다. 하지만 **순응에 의해 스스로 쓰러진 사람**은 영원히 일어나지 못한다"

(라파예트 대학, 펜실베니아주 이스턴, 1964년)

토마스 J. 왓슨 주니어

Thomas J. Watson, Jr

※ 미국의 사업가, 정치인, 공군 비행기 조종사, 박애주의자, IBM(인터내셔널 비즈니스 머신즈)의 두 번째 회장이자, IBM을 세계적인 기업으로 발전시킨 중심 인물

소방관을 위한 기초 화재 대응 공학

Chapter 1

Basic Fire Dynamics Science for Firefighters

한국 일본 인도네시아 태국 말레이시아 소방관들이 CFBT 교관 양성 과정에서 화재성상 훈련을 실시하고 있다.

대부분의 소방관이 닉 브루나치니의 "태양을 바라본다"라는 말을 참고해 조용히 발을 들고 앞으로 나아갈 준비를 하는 시기임을 알고 있다.(* 전직 미국 소방관 닉브루나치니(Nick Brunacini)의 저서인 'Staring into the Sun'이라는 책의 제목으로 소방관으로서 30년간의 삶에서 겪은 다양한 상황과 감정을 담은 책이다)

간단명료하게 본론으로 들어가 보자. 만약 당신이 소방관 혹은 소방관을 준비하는 사람으로서 이 책을 읽는 동안 지루하거나 흥미를 느끼지 못한다면 개인적으로 당신이 이 책에 투자한 돈을 환불해 줄 의향이 있다. 이 책은 과학에 바탕을 두고 있지만 과학 교재는 아니다. 오히려 소방관 매뉴얼에 가깝다. 단순화할 수 있는 것은 무엇이든 다 단순화했다. 이 책을 읽는 당신이 이런 것들을 이해하고 집중하면서 교수가 될 필요까지는 없으니 말이다. 우리는 화재를 진압하고 인명을 구조하며 국민의 재산을 보호하는 소방관이다.

간단하게 시작해 보자!

* 본 글에서 편역자는 원문 내용 중 영문 'Firefighter'를 대표명사 혹은 지휘관으로 표현할 때는 '소방관(消防官)'을 그리고 현장활동을 설명할 때는 독서의 몰입도 향상을 위해 '소방대원(消防隊員)'이라고 표현했다.

제1장
소방관을 위한 기초 화재 대응 공학
Chapter 1: Basic Fire Dynamics Science for Firefighters

물질의 상태 States of Matter

 물질은 고체, 액체 그리고 기체 형태인 세 가지 형태로 존재한다. 고체, 액체 그리고 기체. 현장활동 중 우리는 다양한 종류와 형태의 가연물(Fuel)과 마주칠 수 있다. 가연물의 온도 변화가 가연성 가스 혹은 증기 생성에 어떤 영향을 미치는지 이해하는 것은 중요한 개념이다

고체(Solids)

 고체는 정의된 모양을 가지고 있으며 그 안에 포함된 분자는 격자나 매트릭스처럼 단단하고 구조화되고 정렬되어 있다. 군인들이 퍼레이드를 하며 정렬된 모습을 상상해 보자.

 온도가 상승하면 분자들은 고체의 단단한 구조를 잃고 자유롭게 움직이기 시작하며 액체가 된다.

액체(Liquids)

 액체는 담는 용기에 따라 모양이 결정된다. 완벽하게 네모난 훈련장에서 군인들이 질서 없이 움직이는 형태를 떠올려 보자. 군인들은 훈련장을 떠날 수 없지만 그 안에서 자유롭게 움직일 수 있다. 화재 성상과 CFBT의 목적을 고려하여, 형태가 있는 공간에 화재가 발생해 온도가 상승 중인 구획실이라고 생각해 보자.

기체(Gases)

기체는 통제에 따른 질서나 규율이 전혀 없고 입자가 무작위로 움직인다. 어떠한 규칙에도 포함되지 않고 이용 가능한 모든 공간을 채우기 위해 확장한다. 분자 과학 세계의 '히피'라고도 할 수 있겠다. 자유로운 영혼들같이 어떤 고체들은 액체 단계를 우회, 즉 생략하며 직접 기체로 상*의 변화가 이뤄진다. 이러한 물질들은 서블리미티드(Subliminates), 즉 '승화'로 알려져 있다. 이 과정은 서블리미네이션(Sublimation)이라고도 한다.

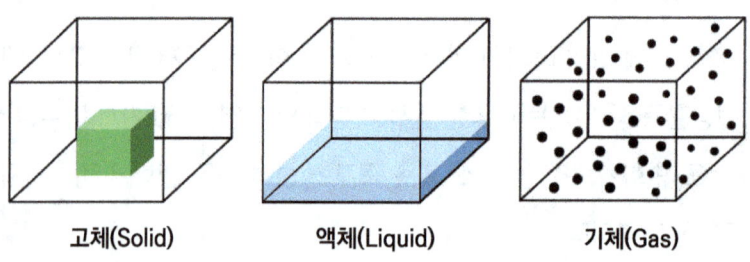

물질의 상태와 형태를 변화시키기에 충분한 열이 발생하는 지점과 그 지점의 명칭은 다음과 같이 정의된다.

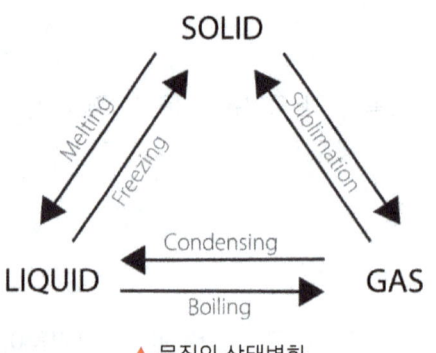
▲ 물질의 상태변화

- **고체에서 액체로:** 융해 잠열
- **액체에서 고체로:** 응고 잠열
- **액체에서 기체로:** 증발 잠열
- **기체에서 액체로:** 응축 잠열

---

* 상(像): 눈에 보이거나 마음에 그려지는 사물의 형체. (네이버어학사전)

소방대원들에게, 물질의 부피나 모양이 연소에 어떻게 영향을 미치는가?

연료는 표면적 대 부피 비율에 따라 더 빨리 또는 더 느리게 연소한다. 간단히 말해 종이 한 장이 표면적 대비 부피 비율이 높기 때문에 수백 장의 종이 묶음인 '림(Ream)'보다 더 빨리 연소한다.

마찬가지로 인도나 포장도로에 쏟아진 휘발유(혹은 가솔린 즉, 석유)는 용기 안에 담긴 동일한 양보다 더 쉽게 기화되고 연소한다.

이상기체방정식은 간단하다. Gas laws made simple

◊ 'PVT' 원리 'PVT' Principles

앞서 언급했듯이, 기체는 규칙에 얽매이지 않고 무작위로 움직이며 확산 가능한 모든 공간을 채우기 위해 팽창한다. 우리는 기체가 담긴 용기의 부피를 변경함으로써 기체의 부피를 변화시킬 수 있다. 이런 방식으로 기체의 용기 부피를 줄이게 되면 기체의 압력은 증가한다. 기체 분자가 작은 영역에 밀집돼 더 자주 충돌하면서 압력을 발생시키기 때문이다.

부피와 압력은 연관돼 있다!

기체를 담은 용기를 가열하면 기체, 즉 가스 분자의 운동에너지가 증가해 더 많은 충돌과 압력이 발생한다.

온도와 압력은 연관돼 있다!

모든 기체는 동일한 온도 상승에 따라 동일한 양만큼 부피가 팽창한다. 즉, 모든 기체는 온도 상승에 비례해 팽창한다.

따라서 온도, 부피, 압력이 서로 관련이 있다면 이 세 가지 개념은 모두 상호 연관돼 있다. 기억하라!

🔥 PVT - 이건 계속 반복되는 가장 기본적인 중요 개념이다

- P: 압력(Pressure)
- V: 부피(Volume)
- T: 온도(Temperature)

이 세 가지 요소(압력, 부피, 온도)의 관계는 물리학의 세 가지 법칙에 의해 간단하게 설명된다.

보일의 법칙 Boyle's Law

- 기체의 온도(T)가 일정하면 기체의 압력(P)과 부피(V)는 반비례한다. (보온밥통 원리).
- 기체에 가해지는 압력이 두 배로 증가하면 부피는 절반으로 줄어든다.
- 기체에 가해지는 압력이 세 배가 될 경우 부피는 1/3로 줄어든다.
- 마찬가지로, 압력이 절반으로 줄어들면 부피는 두 배로 증가한다.

샤를의 법칙 Charles' Law

- 압력(P)이 일정하면 온도(T)가 1 ℃ 상승할 때마다 기체가 0 ℃일 때 부피의 1/273만큼씩 부피(V)가 증가한다.
- 기체의 온도가 273 ℃ 상승하면 해당 기체의 부피가 100 % 증가한다. 연기량이 증가하고 밀도가 감소하면서 화재로 인해 기체의 온도가 상승한다. 부피가 증가하면 밀도가 감소하고 부력이 증가해 연기가 상승하는 것을 우리는 기억해야 한다.

압력의 법칙 Law of Pressures

기체의 부피가 일정하게 유지되는 경우(예: 컨테이너 내 기체 등) 기체의 압력은 절대 온도에 정비례한다.

온도가 두 배 상승하면 압력은 두 배로 높아진다.

 소방대원들에게, 이것은 어떤 영향을 미치는가?

우리 모두는 현장에서 연기(농연), 부력, 독성, 가연성 혼합 가스와 미립자를 다룬다. 우리는 종종 화재실과 인접한 공간에서 극한의 온도를 마주치고 경험한다.

기체의 온도를 낮춰 기체의 부피를 감소시킨다. 가연성 가스를 냉각함으로써 우리는 화재실 내부 온도를 낮출 수 있을 뿐만 아니라, 연기(가스)의 부피도 크게 줄일 수 있다. 이 책의 뒷부분에서 우리는 기체의 연소범위와 그것이 온도에 의해 어떤 영향을 받는지에 대해 논의할 것이다.

밀폐된 화재실의 온도를 낮춤으로써 내부 압력을 낮춘다.

화재가 발생한 구획실의 영역을 넓힘으로써(배연 혹은 환기) 기체의 압력을 낮춘다.

배연작업은 잘 훈련된 대원들에게 효과적인 전략이 될 수 있지만, 체계화된 전술이 이뤄지기 위해서는 효과적인 의사소통이 필요하다.

이러한 개념은 차후 급속한 화재 발달과 전술적 접근에 대해 논할 때 매우 중요하기 때문에 지금 언급하는 **PVT-압력, 부피, 온도**를 꼭 기억해야 한다.

기체가 가열되면 부력이 증가해 상승한다. 그리고 기체의 온도가 증가함에 따라 부피도 증가한다. 단, 밀폐된 곳에 있는 기체는 가열해도 그렇지 않다.

🔥 기체의 유동 Gas flows

기체는 항상 압력이 높은 곳에서 낮은 곳으로 흐른다. 풍선 매듭 푸는 것을 생각해 보자. 풍선 안의 기체는 낮은 압력이자 풍선 밖인 대기로 배출된다. 이것은 과압된 화재실 혹은 구획실의 개구부를 개방할 때 반드시 고려해야 할 사항이다. 기체의 유동은 층류(부드러운 흐름, Laminar(Smooth Flows))와 난류(과격한 흐름, Turbulent(Excitable))의 두 가지 뚜렷한 방식으로 흐른다.

이 부분은 차후 다루게 될 화재 등 성상의 발달 과정과 연관되기에 기본적인 유동 개념을 명심하기 바란다. 화재 발달이나 화염확산에 매우 중요한 요소이다. 뒤에 자세히 다룰 예정으로 꼭 염두에 둬야 한다.

소방대원들에게, 기체의 흐름(Gas Flows)은 어떤 영향을 미치는가?

대부분의 구획실에는 장애물과 거친 표면(가구·구성품)을 가진 가재도구를 포함하고 있어 난류 기체 유동을 발생시킨다. 난류 기체 흐름은 **화재 가스(가연성 가스)의 표면적**을 더 넓게 만들어, 반응 속도와 화염 속도를 증가시킨다.

즉 화재가 더 빠르게 확산하는 원인이 된다.

화재 현장에서 우리는 문이나 창문 파괴·개방과 같은 아주 사소한 행동이 이런 기체 흐름을 생성하거나 영향을 끼칠 수 있음을 기억해야 한다.

이러한 기체의 흐름을 제어하는 전략을 우리는 '공기유동경로 관리(Flow path Management)'라고 한다.

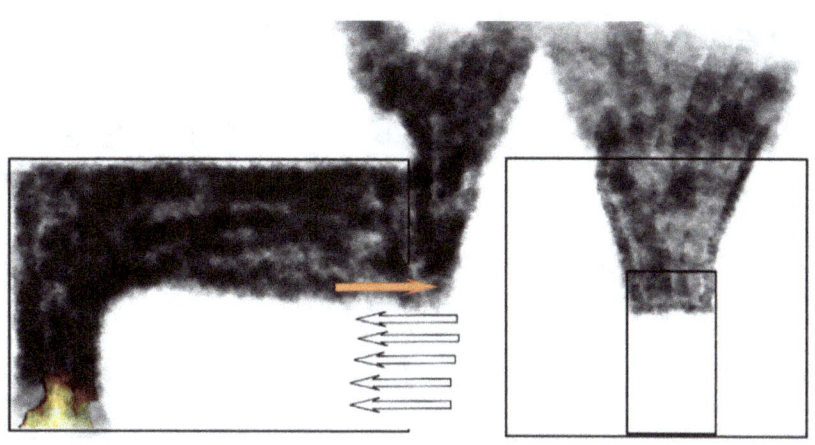

▲ 양방향 공기유동경로(BiD)

▲ 션 라펠 교관이 인형의 집(Doll House) 소규모 화재재현 실험을 하고 있다.

전형적인 양방향 공기유동경로(Shan Raffel, 션 라펠)
Typical Bi-Directional Air Track

위 그림에서와 같이 전형적인 양방향 공기흐름에서는 개구부 상단을 통해 가열되고 가압된 화재 가스가 저압 영역으로 빠져나가는 것을 볼 수 있다. 동시에 차가운 공기가 개구부 하단을 통해 유입된다. 이를 '양방향 공기유동경로(Bi-Directional Flow Path)'라고 한다.

소방대원 일부는 화재, 즉 화원을 향해 흘러가는 차가운 공기의 흐름을 '에어트랙(Airtrack)', 개구부를 향해 빠져나가는 뜨거운 가스의 흐름을 '공기유동경로(Flow path)' 라고 부르기도 한다.

용어의 표준화를 위해 우리는 본 서적에서 이 두 가지를 공기유동경로(Flow Path)로 표기할 것이다. 차가운 공기가 화재 발생 방향으로 이동하면 '급기구 공기유동경로(Inlet Flow Path)', 뜨거운 화재 가스가 출구인 개구부 쪽으로 배출되면 '배기구 공기유동 경로(Outlet Flow Path)'라고 표현하겠다.

단방향 공기유동경로(Shan Raffel, 션 라펠) Uni-Directional Air Track

다음 그림을 보면 뜨거운 공기가 하나의 개구부(배기구, Exhaust Vent)를 통해 빠져나가는 반면 차가운 공기는 다른 개구부(급기구, Inlet Vent)를 통해 유입되는 것을 볼 수 있다. 이러한 상황에서는 급기구부터 배기구까지의 공기 흐름 경로, 즉 공기유동경로가 완성되는데 이를 '단방향 공기유동경로(Uni-Directional Flow Path)'라고 한다 (화재 가스가 한 방향으로만 흐른다는 의미).

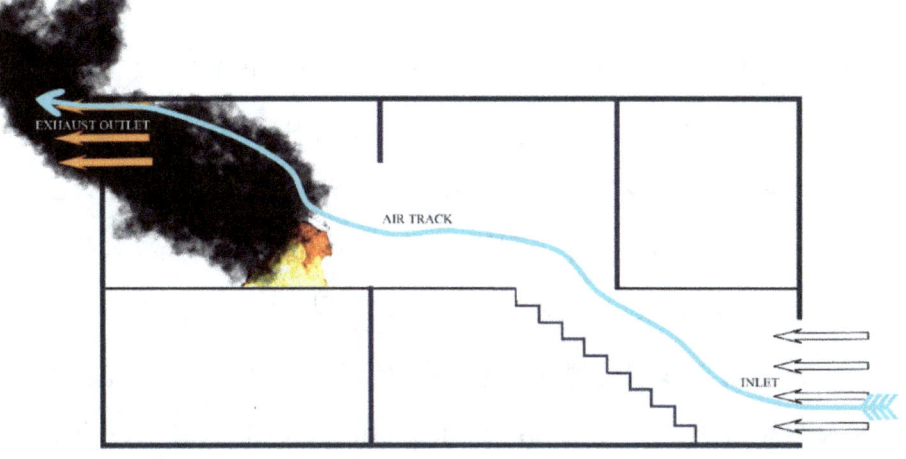

▲ 화원 혹은 화점과 배기구 사이의 공간은 절대로 소방대원이 위치해서는 안 되는 곳이다.
단방향 공기유동경로(UiD)

소방대원들에게, 공기유동경로(Flow Path)는 어떤 의미인가?

문과 창문을 여닫는 행동으로 발생하는 공기유동경로의 변화로 급기구를 통해 산소를 제한하거나 공급함으로써 화재 성상에 어떤 영향을 끼치는지 이해하는 것이 가장 중요하다.

가연성 가스 혹은 연기는 빠르고 격렬한 난류의 형태로 이동할 수 있으며, 이로 인해 화재는 급격하게 발전해 비극적인 결과를 초래할 수 있다.

화재 현장에서 배연작업을 할 때 소방대원의 위치가 연기, 공기가 이동하는 경로 주변에 있을 때는 더 각별히 주의해야 한다.

만약 우리가 '단방향 공기유동경로(Uni-Directional Flow Path)'를 가진 화재의 '급기구(Inlet)' 측에 위치해 있고 뜨거운 화재 가스가 우리가 진입하는 반대 방향으로 빠져나간다면, 우리는 공격적 전술로 빠르게 화재를 진압할 수 있다.

하지만 양방향 공기유동경로(Bi-Directional FlowPath) 입·출구의 개구부가 단 한 개일 때 위의 그림과 같은 상황에 놓인다면 우리는 물을 사용해 배출되는 화재 가스를 우선 평가한 후 냉각·안정시키고 다른 장소로 이동하며 나아가야 한다. 이러한 현장활동 패턴은 필자의 다른 서적인 'Fighting Fire(화재진압)'에서 자세히 다루고 있다.

단방향 공기유동경로의 배기구 측 혹은 그 경로에 소방대원이 위치할 경우 화재의 꼭짓점, 즉 '튜브 혹은 깔때기(Tube/Funnel)' 끝과 같은 극도로 위험한 장소에 있는 것과 마찬가지다. 급기 지점이 돌풍과 같은 'Wind Driven' 상황이 되거나 더 많은 공기가 유입될 수 있도록 추가로 임의 개구부를 개방할 경우 **'블로우 토치 효과(Blow-Torch Effect)'도 발생할 수 있다.**

따라서 단방향 유동경로의 배기구 인근은 소방대원이 현장에서 있을 곳이 절대 아니다!

미국소방의 故. 바비 할튼 서장(Bobby Halton, 미국 뉴멕시코주 앨버커키)을 포함한 저명한 소방서장과 지휘관들의 논의에서 우리는 화재 현장에서의 이 위험 구간을 설명하기 위해 미군에서도 전시에 사용하는 '킬존(Kill zone)' 또는 '치명적 깔때기 꼭짓점 구간(Fatal Funnel)' 용어를 적용했다.

포지셔닝, 즉 현장활동 위치 선정과 진압 전술에 대한 내용은 필자의 책 'Fighting Fire(화재진압)'에서 추가로 다뤘다.

절대 '킬존(Kill Zone)'에 걸려 사고 사례의 통계가 되지 않길 바란다.

제1장: 복습 문제
Chapter 1: Revision Questions

- 물질의 세 가지 상태를 나열하시오.

- 고체가 액체로 변하는 현상의 명칭은 무엇인가?

- 고체에서 기체로 직접 상변화를 하는 물질을 무엇이라 하는가?

- 용기의 부피가 줄어들면 기체의 압력은 어떻게 변하는가?

- 물리학 법칙을 지배하는 가스 법칙의 이름은 무엇인가?

- 기체 부피가 증가할 경우 두 가지 효과를 나열하라. 크기가 동일한 용기에 담긴 기체 온도가 세 배로 상승할 경우 압력은 어떻게 변하는가?

- 두 가지 유형의 기체 흐름을 나열하라.

- 소방대원들은 공기 유동을 제어하기 위해 무엇을 할 수 있고 이것을 무엇이라 표현하는가?

- 두 가지 공기유동경로를 답하고 각각에 대해 간략히 설명하라.

제1장

- 배기구 공기유동경로(화점 혹은 화원과 배기구 사이) 영역의 위치적 위험성을 강조하는 데 사용하는 용어는 무엇인가?

이 챕터에서는 Aus-Rescue International 구획실 화재 성상훈련 강사 과정 레벨 1(Compartment Fire Instructor Level1), IFE 공인 교육 과정을 통해 얻은 다음과 같은 학습 결과를 다룬다:

학습 결과 Learning Outcome	설명 Description
1.	연소 반응의 기본 원리와 반응 속도에 영향을 미치는 요인을 이해한다. Understand the fundamental principles of combustion reactions and the factors influence the speed of reaction
1.1	연소삼각형과 순조로운 연쇄반응의 역할을 각각 설명할 수 있다. Describe and explain the fire triangle and the role of chain carriers
1.2	연소 과정을 고체, 액체 및 기체 형태로 각각 설명할 수 있다. Explain the ignition process in solids, liquids and gases

다음 동영상들 이 챕터를 이해하는 데 도움이 될 것이다. Youtube 채널에서 찾을 수 있다.

Ben Walker & Shan Raffel Firefighter Training
유튜브 채널, 교육 부교재 영상 수록집

※ 챕터별 참고 영상이 수록돼 있습니다.

Video and Hyperlinks

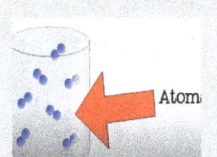
3 States of Matter

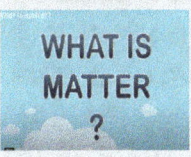
What is Matter?

Vapourisation and Condensation

What is Air Pressure-Balloons

Laminar Flow vs Turbulent Flow

Bi-Directional Flowpath

▲ 스페인어(카스티야-스페인 북부 사투리)로 PVT를 설명하는 것은 하나의 도전이지만 그 이론과 원리는 동일하다(출처: Walker IFRA 2015).

연소 과정

Chapter 2
—
The Combustion Process

소방대원들이 데모셀(Demo Cell)에서 연소 발달 과정을 지켜보고 있다.

제2장
연소 과정
Chapter 2: The Combustion Process

연소란 무엇인가?   What is Combustion?

연소 프로세스 즉, 연소 과정은 자체 구성 요소로 분해해 가장 잘 설명할 수 있다.

- 첫째, 이것은 비가역적인 화학 반응이다.
- 둘째, 관여하는 것에는 무엇이 있는가? 연료, 열 그리고 산소이다.
- 셋째, 이 화학반응의 결과는 무엇인가? 에너지는 열과 빛의 형태로 생산된다.

따라서 연소에 대한 포괄적인 정의는 다음과 같다.

가연물과 산화제 사이의 비가역적 화학반응으로 열과 빛의 형태로 에너지를 생산한다.(An irreversible chemical reaction between fuel and an oxidiser that produces energy in the form of heat and light)

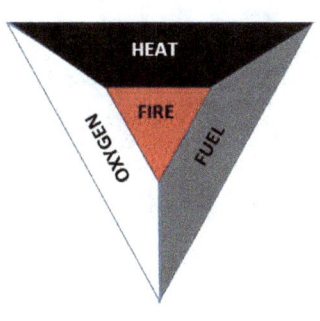

▲ 연소삼각형 모델

완전 연소는 제한 없는 환기 또는 산소 공급원으로 인해 가용한 모든 가연물(연료)이 사용되는 연소를 의미한다. 불완전 연소는 산소 부족으로 인해 사용 가능한 모든 가연물(연료)을 연소할 수 없을 때 발생한다. 이는 보통 소방대원들이 가장 자주 접하는 환경이다. 모든 보이스카우트가 기본적으로 배우는 화재삼각형 혹은 연소삼각형은 옆의 그림에 약간 다른 형태로 나와 있다.

이 내용은 책 뒷부분에서 다시 다룰 예정이다.

삼각형의 요소 중 하나를 제거하면 연소 과정이 중단된다는 게 전통적인 접근법이다. 그것이 우리의 전술적 기초가 될 수도 있다. 예를 들어 물은 실제로 열을 식히고 제거하는 전술적 기초가 될 수 있다. 하지만 현대 생활방식에 사용되는 집기류에는 늘 예외가 있고 석유화합물 재질의 가전, 가구 보급 등 현대 생활 양식의 변화로 인해 이러한 예외의 경우가 훨씬 더 빈번해지고 있다(유류 화재, 주방 화재 등).

🔥 산소 Oxygen

연료와 열 혹은 열에너지가 연소를 지속하기에 충분한 양이 있는 경우, 화학반응을 완성하고 불꽃 연소를 시작하기 위해 가연물과 열이 충분히 있을 경우 산소만 추가하면 된다. 산소 공급은 개구부를 여는 등의 간단한 동작으로 산소(공기)를 점화원(열)과 가연물(연료)에 추가할 수 있다. 화점을 찾아 진압하기 위한 과정에서 소방관은 늘 이런 가능성에 대해 주의를 기울여야 하며 화재 진압 중 개구부 개폐의 영향을 고려해야 한다. 이를 '공기유동경로 관리(Flow Path Management)'라고 한다.

- 화재가 연소를 지속하기에 충분한 산소가 부족한 경우 화재의 발달과 성상은 공급 가능한 환기량에 따라 결정되며 이를 '환기지배형(Ventilation Controlled)'이라고 한다.
- 사용 가능한 가연물(연료)이 모두 사용될 때까지 계속 연소할 수 있는 충분한 환기 상태가 화재에 공급되고 있는 경우 화재는 해당 가연물에 의해 결정되며 이를 우리는 '연료 지배형(Fuel Controlled)'이라고 한다.

환기지배형 화재는 연소삼각형의 다른 두 요소에 영향을 준다. 사용 가능한 산소 부족으로 인해 연소가 중단되면 온도는 감소하고 생성되는 열에너지도 감소할 수 있다. 그러나 연료는 여전히 사용될 수 있다. 산소가 유입되고 연료가 산소와 '연소범위(Limits of Flammability)' 내로 혼합되면 이 연료가 자연 발화되기에 충분한 열이 유지될 수도 있다. 이 현상은 이 장의 뒷부분에서 부연 설명돼 있다.

산소는 연소를 위한 필수 조건이지만 열분해 과정을 거치며 산소를 생성하거나 방출하는 연료가 있다는 것을 기억해야 한다. 이를 산화제(Oxidizing Agents)라고 한다. 과산화물(Peroxide)이 바로 산화제의 일반적인 예시이다.

🔥 가연물 Fuel

가연물은 '연료 패키지(Fuel Package)'라고 지칭할 수 있으며 물질의 세 가지 상태(고체, 액체 또는 기체) 중 하나에서 찾을 수 있다. 열에 노출될 때 가연물(연료)은 '열분해(Pyrolysis)'라고 알려진 화학적 분해 과정을 거친다. 간단히 말해 열은 가연물의 구성 물질 상태를 증기 형태의 화학 물질로 바꿔 분해되도록 한다.

이러한 화학 성분은 열분해 가스 또는 휘발성 물질로 알려진 기체로 방출되며 연료 내에 포함된 다른 구성 요소, 성분과 결합해 다양한 가스를 형성할 수 있다. 이를 '기체 방출(Off-Gassing)'이라고도 한다. 이러한 가스들은 우리가 수십 년 동안 연기(Smoke)라고 언급해 온 것들이다. 이제 우리는 열분해 생성물, 휘발성 물질, 미연(아직 타지 않은) 가연물로 알려진 물질들을 '화재 가스(Fire Gases)'로 칭해 보겠다.

이러한 화재 가스는 에너지로 가득 찰 수 있으며 화재가 자유롭게 타오르면 방출돼 또 다른 가연물로써 화재 성상에 영향을 주게 될 것이다. 하지만 '훈소(Smouldering)'로 알려진 화염 없는 열의 존재는 화염이 없는 상황에서도 열분해 생성물 등 에너지를 지속해 생성할 수 있고 아직은 연소될 수 없는 상태로 화재에 기여할 수 없다. 이는 매우 위험한 상황으로 이러한 화재 가스에 의해 발생하는 백드래프트(Backdraft)와 화재 가스 발화(Fire Gas Ignition)에 관해서는 다른 장에서 집중적으로 다루게 될 것이다.

때로는 고체 가연물이 액체 상태를 거치지 않고 바로 기체화 되는 경우도 있는데, 이러한 가연물과 과정을 '승화, 서브리미티드(Subliminates)'라고 한다.

예를 들어 목재 셀룰로오스의 화학 방정식은 $C_6H_{10}O_5$이다. 이것은 다음과 같이 분해돼 안에 포함된 원자를 나타낼 수 있다.

CCCCCC HHHHHHHHHH OOOOO

▲ 목재 셀룰로오스의 화학식

열 노출로 인해 열분해 현상을 일으킬 때, $C_6H_{10}O_5$는 방출된 다른 원자들과 결합해 다음과 같은 물질을 형성할 수 있다.

> 수소 원자 2개가 산소 원자 1개와 결합하면 H_2O 즉, 수증기가 생성된다.
> 1개의 탄소 원자가 2개의 산소 원자와 결합하면 CO_2 즉, 이산화탄소가 생성된다.
> 1개의 탄소 원자가 1개의 산소 원자와 결합하면 CO 즉, 일산화탄소가 생성된다.

만약 탄소 원자가 결합하지 않고 방출된다면, 그것들은 우리가 흔히 '그을음(Soot)' 또는 연소되지 않은 탄소 분자로 알려진 물질들을 형성한다.

이 원자들은 모두 나무, 즉 $C_6H_{10}O_5$에 존재한다. 만약 정상적인 대기에서 연소하고 있다면 우리가 숨 쉬는 공기를 구성하는 화학 원소의 존재도 고려해야 한다. 공기는 99 %가 질소(N)와 산소(O)로 구성돼 있다. 또 매우 적은 양의 다른 가스들을 함유하고 있어 이는 매우 극도로 과학적인 수준에서 화재 발달에 영향을 미칠 수 있다.

게다가 우리가 이미 나무에 존재하는 탄소(C), 수소(H), 산소(O)를 고려하고 질소(N)를 첨가할 때 사이안화수소(HCN)와 같은 위험한 혼합물을 형성할 수 있다.

비록 적은 비율이지만 공기에는 다음과 같은 비활성 기체가 포함돼 있다.

Name of Gas	Symbol	% in Air
아르곤 Argon	Ar	0.9 %
이산화탄소 Carbon dioxide	CO_2	0.03 %
네온 Neon	Ne	0.002 %
헬륨 Helium	He	0.0005 %
메탄 Methane	CH_4	0.0002 %
크립톤 Krypton	Kr	0.0001 %
수소 Hydrogen	H_2	0.00005 %
제논 Xenon	Xe	0.000009 %

▲ 공기중에 포함되어있는 비활성기체들

이 모든 원소와 혼합물에 동일한 열분해 과정을 적용하면 독성과 가연성 등 다양한 특징을 가진 여러 종류의 기체가 생성될 가능성이 있음을 알 수 있다.

이것은 단지 공기 중에서 나뭇조각을 태운 경우이고 현대의 주거공간과 업무시설에는 나뭇조각보다 훨씬 더 복잡한 화학적 결합으로 구성된 가구, 설비, 기기들이 비치돼 있다.

화염연소가 진행되기 전에 연기와 같은 기체, 즉 가스형태의 여러 화학물질로 구성된 대기 환경에서 소방대원들은 현장 활동을 하고 있다.

▲ 현장에서 수증기와 열분해가스 등 연기의 특성을 지표를 통해 이해하는 것은 매우 중요하다.
(출처: 중앙소방학교)

소방대원들에게, 연기 혹은 가연성 가스(Smoke, Gaseous Fuel)는 우리의 화재접근방식에 어떤 영향을 미치는가?

우리가 이러한 화재가스의 대부분이 가연성이라고 생각한다면, 우리는 모든 연기에 연소되지 않은 가연물(연료)이 포함돼 있고 독성이 있다는 점을 고려해야 한다. 우리 소방대원들은 현장에서 휘발유가 있을 경우 가연성 물질이라는 것을 인식하고 절대 밟지 않고 다닌다. 하지만 화재 현장에서 활동할 때 왜 연기 형태의 미연소된 가연물 속을 계속 서서 걸어 다닐까?

이러한 환경은 2005년에 '3D 환경(3D Environment)'으로 명명됐다.

화재 가스의 존재 자체는 바로 3차원(3D)이며 이를 성공적으로 안정화시키고 위험을 줄이기 위해서는 3D 또는 '모든 방향과 공간으로의 전체적인(All Around)' 접근 방식이 필요하다.

출처: 3D Firefighting 2005, Paul Grimwood, Ed Hartin, John McDonough & Shan Raffel

🔥 연소 범위 Flammability Limits

연소범위는 기체(증기) 형태의 연료와 주변 대기의 농도 비율을 나타낸다.

가연물(연료)과 산소의 관계 **A relationship between Fuel and Air**

- 연소하한계 Lower Explosive Limit
- 연소상한계 Upper Explosive Limit
- 이상적인 혼합농도(화학양론적 혼합물) Ideal Mixture (a.k.a Stochiometric Mixture)

연소하한계 Lower Explosive Limit

이것은 연소를 지속시키는 공기에 대한 연료의 최소 농도를 말한다. '**희박한 혼합물**'이라고도 표현한다. 연료 농도가 이 값 이하로 떨어지면 **"연료가 희박해 연소할 수 없다"**라고 할 수 있다.

연소상한계 Upper Explosive Limit

이것은 연소를 지속시키는 공기에 대한 연료의 최대 농도를 말한다. 때때로 '풍부한 혼합물(Rich Mixture)'이라고도 불린다. 연료 대 공기비가 너무 높을 경우 "너무 농후해 연소할 수 없음"이라고 할 수 있다. 이는 매우 위험한 상황일 수 있으며 화재가 발생한 경우 환기가 제한 또는 통제된 상태라고 할 수 있다. 즉, 공기가 유입돼 자유롭게 연소할 수 있는 가연성 한계 내로 '희석(Dilute)'되기를 기다리는 것이다.

이상적인 혼합비/화학양론적 혼합비 (스토키오매트릭)
Ideal Mixture/Stochiometric Mixture

이것은 물질이 가장 효율적이고 가장 큰 에너지를 생산하며 연소할 수 있는 연료 대 공기 비율이다.

연소 범위에 영향을 줄 수 있는 것은 무엇인가? 바로 PVT

대부분의 가연성 혼합물은 온도가 증가하면 연소범위가 넓어진다.

압력이 감소하면 연소하한계가 증가하고 연소상한계가 감소, 즉 연소범위가 좁아지게 된다. (Burgess and Wheelenldp zhaak 1911).

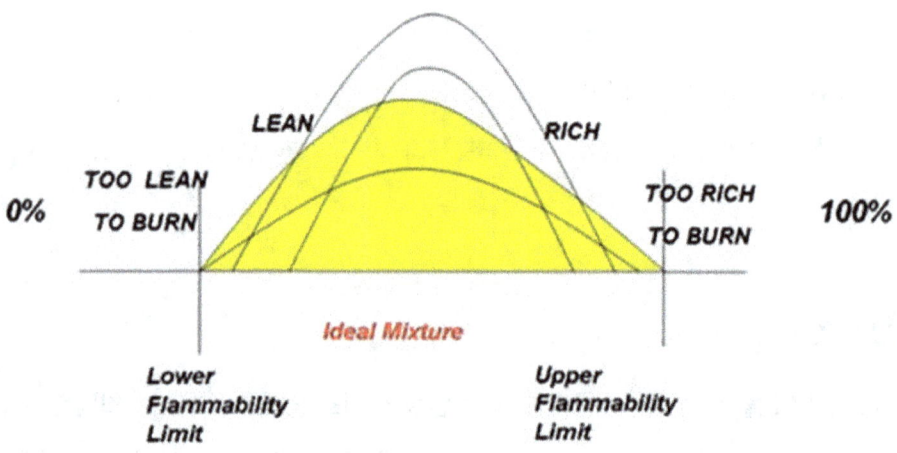

위 그림은 가연성 한계의 예시이다. 영국의 머지사이드 소방에서 제작한 그림이다 (Credits to Merseyside Fire and Rescue. UK).

소방관들에게 연소범위(Flammability Limits)는 무엇을 의미하는가?

앞서 언급한 것처럼 모든 연료는 연소하기 위해 산소를 필요로 한다. 우리는 공기유동경로 관리(Flow Path Management)와 급기구 개방(환기), 차단(Anti-Ventilation)을 통해 연료와 혼합될 수 있는 공기의 양을 제어할 수 있다. 가연성 가스와 공기(산소) 혼합물이 연소상한계를 초과하고 '너무 농후하다(Too Rich)'는 것을 파악하면 위험에 빠질 수 있다.

그런 경우 개구부를 개방하면 유입된 공기 흐름이 연료를 희석(Dilute)시켜 본의 아니게 연소범위에 도달하도록 유도할 수 있다. 가연성 가스(Fuel)가 3D 환경(3D Environment) 곳곳에서 연기, 즉 기체 형태로 존재하고 있으며 우리는 위험에 노출되는 것을 줄이기 위해 즉각 대처해야 한다는 것을 인지해야 한다.

일산화탄소(CO)와 같은 연소생성물이 연소 범위(폭발범위)가 넓고 공기와 함께 광범위한 농도비율에서 연소할 수 있다는 것은 많은 실험을 통해 확인됐다. 오늘날의 구획실(공간, 방)에서는 $C_6H_{10}O_5$를 방출하는 목재보다 더 많은 석유화합물 가구, 집기류가 있으며, 방출되는 '화재가스(Fire Gases)'는 증기 형태로 여러 연료의 혼합물임을 알게 됐다.

현장에서 경계심이 강하고 훈련 등 준비가 잘 된 소방대원은 이 사실을 잘 알고 조건만 맞으면 3D 환경의 모든 화재 가스 또는 가연성 가스를 언제든지 연소할 가능성이 있는 인화성 가연물로 간주한다. 마찬가지로 훈소상태의 화재(Smouldering Fire)는 이러한 고에너지 제품을 열분해시켜 기체형태로 연료를 방출하며 다시 연소할 때 잠재적으로 치명적인 결과를 초래할 수 있는 원인이 될 수 있다.

▲ 농연 또는 연소되지 않은 열분해 가스는 가연성이다!
개구부를 열었을 때 자연 발화되는 배출 가스에 주목하라!
(출처: 션 라펠(Shan Raffel)교관이 CFBT-Thailand 훈련장에서 소규모 재현 실험을 진행하고 있다)

소극적/수동적 작용제(패시브 에이전트) Passive Agents

　소극적/수동적 작용물질인 패시브 에이전트(Passive Agent)는 열에너지를 흡수하는 구획 내의 모든 물질을 말한다. 화재가 발생한 구획실 혹은 가정 내의 모든 요소는 온도가 상승하고 열분해가 시작된 후 해당 재료의 내열한계에 도달할 때까지 짧은 시간 동안 화재 성장에 소극적인 역할을 한다.

　내열한계의 시점을 기준으로 재료는 더 이상 소극적이지 않고 열분해 생성물의 형태인 가연물로 사용되거나 해당 공간 또는 다른 곳으로 열을 전달하며 화재 확산에 보다 적극적이고 능동적으로 기여하게 된다.

　열분해 과정을 거치는 소극적 작용제(Passive Agent)에서 방출되는 수증기나 이산화탄소는 또 다른 소극적 작용제(Passive Agent)로 작용할 수 있으며 초기 화재 발달 단계와 국부 영역에서 화재 발생을 억제할 수 있다.

그럼 어떤 역할을 하는가? So what do passives do?

소극적/수동적 작용제, 즉 패시브 에이전트(Passive Agent)는 화재로부터 열에너지를 빼앗고 흡수할 수 있는 한계까지 화재의 성장 속도를 늦출 수 있다. 그 이후는 가연물로써 화재의 발달에 적극적으로 기여하기 시작한다.

🔥 열 Heat

열은 아마도 연소삼각형의 전통적인 세 요소 중 가장 오해를 받는 요소일 것이다. 일반적인 오해를 방지하기 위해서는 온도와 열의 차이를 알아야 한다.

열(熱)은 물체가 가진 에너지를 측정하는 단위이자 물체가 가진, 즉 위치에너지와 운동(이동)에너지를 측정하는 단위이다. 줄(J) 단위로 측정한다.

온도는 그 물체의 운동에너지(움직이는 에너지)를 측정하는 단위이다. 열이 유입되면서 분자들은 더 빠르게 움직이고 더 자주 충돌해 더 많은 열을 생성한다. 온도는 이러한 충돌의 척도다.

그러나 이것들은 불가분의 관계에 있는 것은 아니다. 예를 들어 500 ℓ 의 물을 100 °C까지 끌어올려 발생하는 열은 동일 온도 1 ℓ 에서 100 °C까지 끌어올려 발생하는 열보다 훨씬 크다.

또는 다른 예로 80 °C의 차 한 잔은 30 °C의 수영장보다 온도가 높지만 수영장은 차 한잔과 비교하면 더 넓은 면적과 많은 양의 물이 있기에 수영장의 물이 갖는 총 열에너지의 양이 훨씬 크다.

열을 측정하는 공식은 다음과 같다.

$$Q=CMT$$

여기서 Q는 열에너지, C는 비열 용량, M은 물체의 질량, T는 온도다. 여담으로 보통 "Q는 씨암닭"이라고도 암기한다. cf. 보온밥통법칙 혹은 보일의법칙)

자연 발화 온도 Auto Ignition Temperatures

가연물(연료)이 특정 온도에 도달하면 내부에 충분한 운동에너지가 발생해 불꽃이나 외부 점화원의 개입 없이 자체 발화가 가능하다.

물질	자연발화온도(°C)
트리에틸보레인 Triethylborane	−20 °C
실레인 Silane	21 °C
백인 White Phosphorus	34 °C
이황화탄소 Carbon Disulfide	90 °C
디에틸에테르 Diethyl Ether	160 °C
가솔린 Gasoline (Petrol)	247~280 °C
에탄올 Ethanol	363 °C
디스엘 또는 제트 A-1 Diesel or Jet A-1	210 °C
부탄 Butane	405 °C
종이 Paper	218~246 °C
가죽/양피지 Leather/Parchment	200~212 °C
마그네슘 Magnesium	473 °C
수소 Hydrogen	536 °C

🔥 인화점 · 연소점 Flashpoints and Firepoints

액체 물질이 특정 온도에 도달하면 화재 가스(열분해 생성물, 휘발성, 증기)가 방출돼 대기 중에서 점화 가능한 혼합물을 형성할 수 있으며 점화원이 개입되면 연소가 진행된다.

점화원을 제거하면 물질이 계속 연소되지 않는 경우 이를 인화점(Flashpoint)라고 한다.

점화원이 제거된 후에도 물질이 계속 연소하는 경우 이를 '화점 혹은 연소점(Fire Point)'이라고 한다.

통용되는 정의는 다음과 같다.

- 인화점(FlashPoint): 점화원이 유입돼 가연물 표면에서 불꽃이 일시적으로 '점멸(Flash)'할 정도로 물질이 증발하는 최저 온도
- 연소점(FirePoint): 점화원이 제거된 이후에도 지속적인 연소가 가능하도록 지속해 열분해를 할 수 있는 최저 온도

소방관들에게, 열(Heat)은 우리의 접근에 어떤 영향을 미치는가?

우리는 열이 열분해 작용을 통해 기체 형태의 가연성 연료를 더 많이 생성하는 것을 알고 있다. 이는 잠재적으로 상당한 에너지를 포함하고 있으며 소방대원이 개입하지 않는 한 이러한 증기는 자연 발화될 수 있다.

만약 이 화재 가스가 다른 특정 공간에 축적되면 우리는 예상하지 못한 맹렬하게 연소할 수 있는 가연성 연료인 가스와 산소로 가득 찬 구획실을 맞이하게 된다. 이 때문에 현장에서 우리는 온도와 열을 줄여야 한다.

열방출률 Heat Release Rate

열방출률(HRR)은 화재에 의해 시간 단위로 방출되는 열에너지를 측정한 값이다. 열방출률은 연료의 형태와 표면적을 포함한 많은 요인에 의해 영향을 받는다. 예를 들어, 종이 한 장은 통나무보다 더 빨리 연소하고 열에너지를 더 빨리 방출한다. 화재의 열방출률(HRR)은 화재의 크기와 성장 속도를 좌우한다는 점에 유의해야 한다. 열방출률(HRR)이 높으면 열분해 과정이 더 빠르고 가스 연료 또한 더 많이 방출된다. 또 더 많은 산소가 소모돼 환기가 제어되는 환경에서 불완전 연소와 미연소 가스가 발생한다. 이것은 화재의 강도, 속도, 발달에서 가장 중요한 요소이다.

저자인 벤 워커(Ben)의 오랜 동료이자 모험가인 뉴저지주 소방 구조대의 전직 센터장 짐 데이브(Jim Dave)의 석사 학위 논문에서 발췌한 열방출률에 대한 설명이다.

'화재에서 가장 중요한 단일 변수, 열방출률'
'Heat Release Rates The single most important variable in fire'

열방출률(HRR)은 물질이 연소할 때 방출되는 에너지의 양이다. 열방출률이 화재의 진행을 결정짓는 요소로는 연소 시 존재하는 물질, 환기 등의 매개변수가 있다. 이는 종종 간과되고 중요성이 거의 없는 또 다른 데이터 측정값으로 간주되기도 한다. 하지만 사실 화재 발생과 발달에 있어 가장 중요한 변수이다.

"열방출률은 화재 환경의 다른 모든 변수에 영향을 미치는 원동력이다(Heat release rate is the driving force that influences pretty much all other variables of the fire environment)". 열방출률이 증가함에 따라 온도와 온도 변화 속도가 모두 증가해 화재 발달이 가속화된다. 또 열방출률이 증가하면 산소 농도가 감소하고 불완전연소의 기체와 미립자 생성물이 증가한다.

소방대원의 경우 화재 현장의 대상물, 즉 주거환경 등 화재환경 컨트롤에 필요한 유량(Flow Rate)이 예측 가능한 경우 전술적 의사결정에 직접적으로 판단할 수 있는 열방출률이 중요하다. 또 화재 예방 분야에서 열방출률은 건물의 화재 발생 시 대략적인 화재 성상을 예측해 건물을 설계할 수 있도록 엔지니어에게 도움을 주는 등 긍정적인 영향을 미칠 수 있다.

정확한 열방출률 측정은 제품의 화재 안전 특성을 정의하는 데 필수적인 정보를 제공한다. 일차적으로 관심대상에 속하는 연료, 즉 가연물은 국내에서 쉽게 발견되는 유형의 연료로 목재, 플라스틱, 가구(예: 폴리우레탄), 전선절연재(예: 폴리염화비닐), 카펫 재료(예: 나일론) 등이 포함된다.

열방출률은 구획실 혹은 더 먼 공간으로 열기와 독성가스가 축적·확산되는 속도와 직접적인 관련이 있는 화재 위험성 판단의 주요 예측 변수이다. 1~3 MW의 열방출률은 실험이나 통상적인 실화재 훈련중에 방출되는 일반적인 에너지양이다. 이것은 플래시오버가 발생한 환기가 원활한 방에 있는 침대나 소파와 같은 하나의 큰 물체가 흔히 방출하는 에너지양으로 볼 수 있다. 이러한 현상은 환기가 허용되는 침대나 소파와 같이 하나의 큰 물체가 있는 구획실의 플래시오버 현상에서 상당히 흔하게 발생한다.

화재로 인한 사망의 대부분은 연소생성물로 인한 독성물질 흡입의 결과이다. 연소 속도를 제어하는 많은 변수가 있지만, 이러한 화재 위험에 가장 큰 영향을 미치는 것은 열방출률이다. 구획실 화재에 있어 열방출률을 기준으로 위험성 등을 측정하는 능력은 대원들에게 있어 비교적 새로운 기법이다. 이를 위해서는 열방출률이 화재위험평가의 가장 좋은 예측 변수라는 것을 인식하는 것이 중요하다.

※ Dave J(2012) 열방출률: 화재에서 가장 중요한 단일 변수. MSC 파이어다이내믹스 논문, 리즈 대학교(Dave J (2012) Heat Release Rate: The single most important variable in fire. From MSc Fire Dynamics dissertation, University of Leeds.)

열방출률 대 온도 Heat Release Rate versus temperature

Underwriters' Laboratories and the National Institute for Science & Technology(UL/NIST)는 양초를 예로 들어 열방출률(HRR)과 온도의 차이를 구분하여 설명한다. 하나의 촛불과 10개의 촛불(같은 종류, 크기, 성분)은 같은 온도에서 타지만, 10개의 촛불은 10배에 달하는 열방출률 에너지를 방출한다.

아래 그림은 500~1400 ℃의 온도에서 연소되고 80 W의 열방출률(HRR)을 방출하는 단일 촛불을 보여준다.

▲ 온도는 유사하지만 열방출률은 분명히 다르다.

종류와 크기가 같은 양초 10개도 함께 있다. 500~1400 ℃의 같은 온도에서 연소하지만 800 W의 열방출률을 보여준다.

열 전달 방법 Methods of heat transfer

열은 세 가지 방법으로 전달될 수 있다.

열전달은 일정 시간 내 일정 영역에 전달된 열로 측정할 수 있다. 이것을 열유속(Heat flux)이라고 한다.

이들에 대해 차례로 간략히 살펴보자.

- 전도(Conduction)
- 대류(Convection)
- 복사(Radiation)

🔥 전도 Conduction

전도는 물질의 직접적인 접촉을 통해 열에너지를 전달하는 것이다. 예를 들어, 동부 켄터키에 사는 그렉 고벳(Greg Gorbett)과 짐 패린(Jim Parrin, Fire Dynamics(2011))은 금속 막대가 불꽃에 닿아있는 예를 들어 설명한다. 불꽃과 맞닿은 금속 막대 부분은 온도가 상승하고 있어 분자 이동, 충돌이 더 많아진다. 이것들은 이웃한 분자들과 부딪치며 영향을 주기 시작한다.

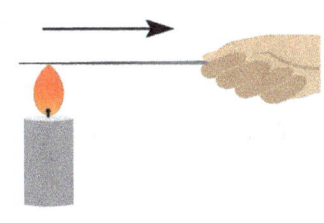

▲ 금속막대와 촛불을 통해 전도열을 알 수 있다.

 소방대원들은 특정 물질이 열을 매우 잘 전도하고 이러한 방식으로 열전달이나 그로 인한 화재, 즉 연소 확대가 발생할 수 있다는 것을 알아야 한다. 또 다른 특성 물질들은 전도성이 좋지 않으며 **'단열재 혹은 절연체(insulators)'**로도 알려져 있다.

소방대원들에게, 전도(Conduction)는 어떤 영향을 미치는가?

 열은 전도를 통해 다른 구획으로 전달되면서 화재가 확산할 수 있다. 관할에 조선소 혹은 항만의 선박이 있는 소방서는 선박에 화재가 발생했을 때 금속 격벽을 통해 인접한 실로 열이 전달되는 것을 매우 잘 인지하게 될 것이다.

🔥 대류 Convection

대류는 '유체 매체(매질)'를 통해 열에너지를 전달하는 것이다. 여기서 '액체(Fluid)'라는 용어가 반드시 액체를 의미하는 것은 아니다. 소방관들이 접하는 유체는 공기(기체)일 가능성이 훨씬 크다.

히터를 통해서 상승한 열기는 높은 곳에서 상대적으로 차가운 공기쪽으로 냉각·하강해 낮은 곳에서 다시 열원인 히터 쪽으로 이동한다.

구획실 화재에서는 가열된 공기/화재 가스는 고체 물체를 통과하며 흐르고 그에 따른 온도 차이가 발생한다. 유체의 움직임과 유체 내 분자의 공기들의 활동을 통한 전도는 고체 내에서 분자활동, 즉 충돌을 증가시킨다. 따라서 고체 내의 온도와 운동에너지 상승을 야기한다.

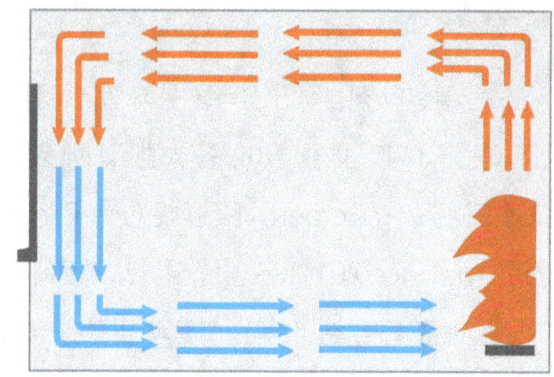

▲ 대류는 열전달의 한 형식으로, 열로 인해 기체 혹은 액체가 상하로 뒤바뀌면서 유동하는 현상이다.

대류는 열을 '자연적(Naturally)' 또는 '강제적(Forced)'으로 전달할 수 있다.

뜨거운 파이나 호떡 등의 표면을 강제로 불어서 식히는 방법을 예로 들어보자. 이러한 유형의 강제적인 열 전달은 소방대원들이 현장에서 '유체 매질(Fluid Medium)'이 흐르는 방향과 속도를 변화시켜 열 전달과 화재 확산에 영향을 미칠 수 있다. 따라서 소방대원은 유동경로(Flowpaths)를 관리할 때도 이 점을 기억해야 한다.

 소방대원들에게, 대류(Convection)는 어떤 영향을 미치는가?

우리의 주수 기법(Nozzle Technique)은 유동경로(Flowpath) 관리 외에도 현장에서 잘못 적용하면 대류 속도를 높이고 그에 따라 화재가 빠르게 확산할 수 있다는 것을 명심해야 한다.

🔥 복사 Radiation

복사는 전자기파를 통해 열에너지를 전달하는 방식이다. 이 방식은 물질이 고체, 액체 또는 기체 형태의 여부와 관계없이 발생할 수 있다. 복사는 에너지 전달을 위해 전도체 또는 유체 매개체와 같은 물질이 필요하지 않다.

태양에 의한 열에너지가 지구로 전달되는 현상이 바로 복사열의 한 예시이다.

복사열 전달은 일반적으로 구획실 화재에서 다른 물질로 화재가 확산되는 원인이 된다. 불꽃의 복사열은 다른 가연물을 발화시킬 수 있다. 또 연기층의 복사열이 아래로 전달돼 화재 확산을 증가시키고 이어서 완전히 발달한 화재인 플래시오버 단계(Flashover)로 진행될 수 있다.

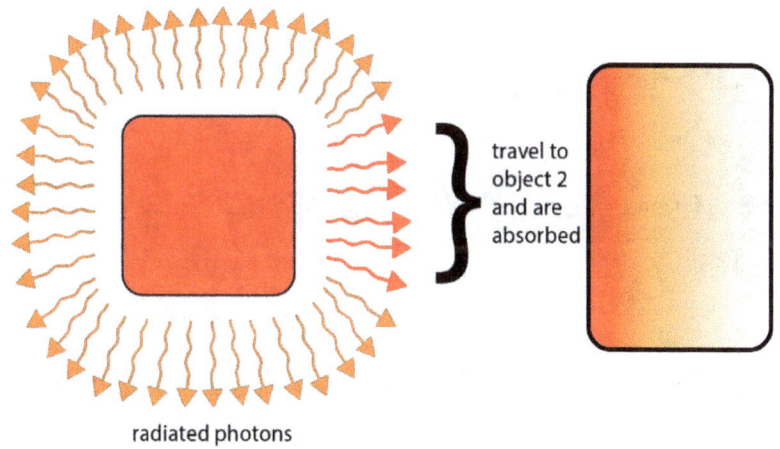

▲ 주변 개체로 에너지는 이동해 흡수된다.

소방대원들은 화재에서 가장 큰 열 전달 과정(따라서 화재 확산의 가장 큰 원인)이 연기/가스 속의 그을음 입자를 통한 복사열이라는 점에 주목해야 한다. 대류와 전도는 복사보다 낮은 비율로 열 전달에 기여한다.

제2장: 복습 문제
Chapter 2: Revision Questions

- 연소를 정의하라.

- 완전 연소와 불완전 연소의 차이를 설명하라.

- 열에 노출되면 산소를 방출하는 연료는 무엇인가?

- 열분해를 정의하라.

- 열과 온도의 차이를 설명하라.

- 인화점(Flash Point), 연소점, 발화점, 자연발화 온도의 용어를 정의하라.

- 열방출률는 무엇인가? 열방출률에 영향을 미치는 두 가지 예를 제시하라.

- 단위시간, 단위면적에서의 열 전달 측정을 가리키는 용어는 무엇인가?

- 세 가지 유형의 열 전달 방식을 나열하라.

- 열에너지를 잘 전도하지 못하는 물체의 이름은 무엇인가?

- 열 전달 과정 중 화재 발달에 가장 크게 기여하는 열 전달 현상은 무엇인가?

이 장에서는 다음과 같은 학습 결과에 필요한 정보들을 다룬다.

학습 결과 Learning Outcome	설명 Description
1.3	완전 연소, 불완전연소, 패시브 에이전트에 대해 설명할 수 있다.
1.4	연소 범위와 온도, 압력 변동에 따른 영향을 설명할 수 있다.
1.5	고체, 액체, 기체, 먼지, 증기 단계에서의 연소 화학 작용에 대해 설명할 수 있다.
1.6	열에너지가 전도, 대류, 복사열을 통해 전달되는 방법을 설명할 수 있다.
1.7	연소삼각형 중 하나 이상을 제거해 화학 반응을 방해할 수 있는 작용의 측면에서의 소화 원리를 설명할 수 있다.

학습 결과 Learning Outcome	설명 Description
2.0	구획실 내에서 화재가 발생하고 확산되는 방식을 이해하고 설명할 수 있다

다음 동영상들 이 챕터를 이해하는 데 도움이 될 것이다. Youtube 채널에서 찾을 수 있다.

Ben Walker & Shan Raffel Firefighter Training
유튜브 채널, 교육 부교재 영상 수록집

※ 챕터별 참고 영상이 수록돼 있습니다.

Video and Hyperlinks

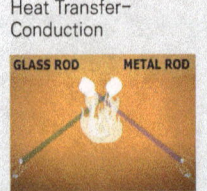

Heat Transfer-
Conduction

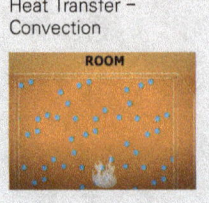

Heat Transfer –
Convection

Video and Hyperlinks

Heat Transfer- Conduction, Convection, Radiation

Heat Release Rate- A visual demonstration

Pyrolysis in Action

Smoke (Pyrolysis products is fuel!

Flash Point, Fire Point & Auto-Ignition Temperature

Flammability Limits and Stoichiometry

Old School Flammable Range
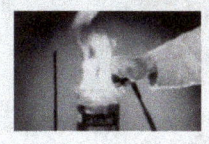

Too rich to burn- above UEL- a warning for Firefighters

Flammable Range- finding out the hard way

▲ 런던소방 교관들과 함께
Working with some of the Instructors for the London Fire Brigade. 2014.

▲ 실화재 훈련을 통해 소방관들은 합성 건축 자재에서 나오는 치명적인 연기를 다루는 현실적인 방법을 배운다. 션 라펠 교관은 1997년 호주에 CFBT를 도입했다.
Shan Raffel introduces CFBT to Australia in 1997.

소방대원들이 싱글 달하우스(Single Dollhouse) 소규모 재현실험을 시연하고 있다.

제3장

불꽃

Chapter 3
—
Flames

제3장
불꽃
Chapter 3: Flames

불꽃이란 무엇인가? What is a Flame?

간단히 말해서 불꽃은 연소가스의 온도가 증가함에 따라 부피가 증가하는 가시적인 '연소 영역'이다. 부피가 증가하면 밀도가 낮아지고 가스의 부력은 증가한다.

불꽃에는 '예혼합(Premixed) 연소'와 '확산(Diffusion) 연소'의 두 가지 유형이 있다.

우리는 연소의 요소를 학습하고 열, 산소, 연료에 대해 조금 더 자세히 다루고 있다. 그렇다면 우리 소방대원과 불꽃은 어떤 상관관계가 있을까?

먼저 가스 흐름의 유형을 되짚어 본 뒤 불꽃이 어떻게 발달하는지, 그리고 우리가 마주치는 불꽃의 유형은 어떤지 살펴보도록 하자.

🔥 가스 흐름의 유형 Types of Gas Flows

층류 Laminar flows

층류 흐름은 정해진 방향과 움직임이 있다. 가스 분자는 마치 말린 스파게티 가닥처럼 경로를 따라 움직인다. 서로 다른 가닥의 분자들은 다른 속도로 움직일 수 있지만, 같은 가닥의 모든 분자는 같은 속도로 움직인다. 가닥들은 절대 교차하지 않고 분자들 또한 절대 충돌하지 않는다. 층류 흐름은 평평한 표면 위에서 부드럽게 이동한다.

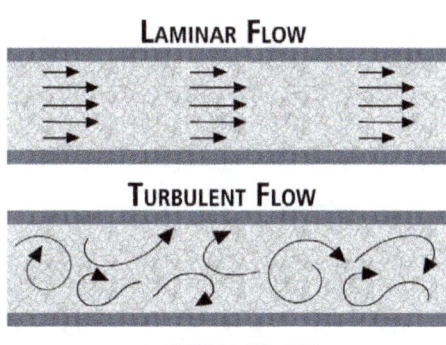

▲ 층류와 난류 흐름

난류 Turbulent flows

난류 흐름은 명확한 방향성을 갖지만 기류 내부에서 속도와 방향이 불규칙한 변화를 갖는다. 대표적으로 가스 분자는 거친 표면과 장애물 위를 빠르게 흐를 때 발생한다.

🔥 예혼합연소(화염) Premixed flames

예혼합화염은 가연물과 산화제가 적절한 비율로 혼합된 곳에서 나타난다. 혼합된 연료가 점화되려면 점화 스파크를 통해 에너지가 공급돼야 한다. 그 후 점화원 주위에 지속적인 불꽃이 형성되고 바깥 방향으로 전파된다.

사전 예혼합된 불꽃은 일반적으로 산업계에서 주로 볼 수 있는 층상의 가스 흐름을 가진다. 일반적으로 분젠버너 등 화학실험 도구에서 쉽게 볼 수 있지만 화재 현장 같은 곳에서는 흔하지 않다.

불꽃은 차가운 미연소 가스(반응 물질, Reactants) 영역과 뜨거운 가스(열분해 생성물, Products)의 영역으로 구성된다. 뜨거운 가스의 부피가 증가하면(PVT 온도 상승은 부피 증가를 의미) 불꽃 전면이 풍선처럼 화점 혹은 화원에서부터 바깥쪽으로 밀려난다.

기억하라:

- '예혼합물질(Pre-Mixtures)'은 연소범위 내에 존재해야 한다.
- 이상적인 연료 대 공기물질 비율을 우리는 '이상적 혼합물(Ideal Mixture)', 즉 '화학양론적 혼합비(Stoichiometric Mixture)'라고 말한다.
- 각 혼합물에는 예혼합화염이 정지된 가스를 통해 전파되는 '연소속도'가 있다.
- 만약 연소 속도와 동일한 속도를 가진 예혼합물질이 층류 형태로 화염으로 흐르면, 불꽃이 안정적으로 유지될 수 있다(예: 가스레인지 불꽃, 분젠 버너 등).

난류 흐름은 연소 속도보다 화염 속도가 더 빠른 경우 나타날 수 있다. 이런 흐름은 표면에 '주름(Wrinkle)'을 일으켜 표면적과 반응 속도를 높여 가연성 가스를 더 많이 생성한다. 충격파를 동반한 초음속의 화염 전파를 우리는 '폭발(폭굉, Detonation)'이라고 한다.

🔥 확산 연소(화염) Diffusion Flames

확산 연소에는 두 가지 종류가 있다.

- 층류 확산(Laminar Diffusion)
- 난류 확산(Turbulent Diffusion)

층류 확산 화염 Laminar Diffusion Flames

층류 확산 화염 가장 잘 알려진 예는 양초이다.

촛불의 연료 가스는 층류 흐름으로 심지에서부터 천천히 상승하는 '분자 확산(Molecular Diffusion)' 현상이 전반적으로 작용한다. 즉, 분자가 심지(The Wick)에서 벗어나 고압 영역에서 저압 영역으로 이동하는 가스와 같이 농도가 낮은 바깥쪽 영역으로 이동한다는 뜻이다. 불꽃이 상승하고 산소와 혼합돼 완전한 연소로 이동함에 따라 가연성 비율이 변화한다는 점을 유념해야 한다.

▲ 촛불연소를 통해 많은 것을 배울 수 있다.

난류 확산 화염 Turbulent Diffusion Flames

난류 확산 화염은 대표적인 예로 연료가 고속으로 분사되는 산업용 버너(스프레이 젯, Spray-Jets)에서 볼 수 있다. 이는 산소 등 산화제와 접촉면(Interface)에서 난류를 유발하고 넓은 표면적의 화염을 생성한다.

이 경우 혼합속도를 결정하는 것은(분자 확산이 아님을 유의) 산소와의 접촉 면적이다. 점화원을 향해 연료를 분사하면서 넓은 표면적 화염을 생성하는 화염 발생기의 예를 아래 사진에서 확인할 수 있다.

▲ 플래시오버 실험모델을 통해 다양한 연소범위를 확인할 수 있다.

부피가 1 ㎥ 이상인 불꽃은 난류 확산 화염을 생성한다. 이 난류는 가스의 부력에 의해 생성된다. (PVT 상관 관계 - 부피가 증가하면 밀도가 감소하고 부력이 증가된다)

불꽃과 화염 속에는 산소 농도가 낮은 고온의 영역이 존재한다. 이 영역에서 연료 가스는 추가적인 열분해와 부분 산화(산소와 혼합)의 과정을 거친다. 이것은 불완전 연소의 생성물(탄소/그을음)을 형성하고 방출하고 이는 가스 형태의 미연소 가스일 수 있다(3D 화재 환경을 기억하라!).

 소방대원들에게, 화염(Flame)은 우리 소방대원에게 무엇을 말해주고 있는가?

우리가 구획실 화재에서 가장 많이 접하는 화염은 난류 확산 연소임이 분명하다. 우리는 이것들이 열분해(Pyrolysis)를 통해 많은 양의 연료를 생성하며 우리 현장활동의 난도를 높인다는 것을 기억해야 한다.

또 공기 흐름이 포함된 난류 확산 흐름이 만들어 내는 난류 확산 화염은 때로는 음속보다 더 빠른 속도(폭발, 폭굉)로 연소 확대를 야기할 수 있다. 이는 아직 타지 않은 미연소 연료를 통해 매우 빠르게 확산할 수 있다는 점과 3D 환경을 안정화하지 못한 채로 화재진압을 실시할 경우 탈출 경로로 화재가 확산되거나 탈출 경로가 차단돼 우리가 피해를 볼 수 있다는 점을 알려준다.

제3장: 복습 문제
Chapter 3: Revision Questions

- 불꽃이란 무엇인가?

- 불꽃의 두 가지 유형과 그중 두 가지 버전으로 나뉘는 유형의 불꽃에 각각의 예를 제시하라.

- 고온이지만 산소가 적은 지역에서는 불꽃 안에서 무엇이 생성되는가?

- 가스버너의 가스링에서 불꽃을 안정적으로 유지하기 위해 같아야 하는 두 가지 요소는 무엇인가?

- 충격파가 발생하는 초음속 화염 속도는 무엇으로 알려져 있는가?

- 1 ㎥ 이상의 화재 시 난류에 영향을 미치는 요소는 무엇인가?

- 난류 가스 흐름에서 난류 확산 불꽃 혹은 연소와 현장에서 마주칠 때 소방대원들은 무엇을 고려해야 하는가?

- PVT 원리를 사용해 가연성 범위에 미치는 영향을 간략히 설명하라.

이 장에서는 다음과 같은 학습 결과에 필요한 정보들을 다룬다.

학습 결과 Learning Outcome	설명 Description
1.2	고체, 액체, 기체의 연소 절차를 설명할 수 있다.
1.3	완전 연소, 불완전 연소, 소극적 작용제(Passive agent)에 대해 설명할 수 있다.
1.4	연소 범위와 온도, 압력 변화의 영향에 대해 설명할 수 있다.
1.5	고체, 액체, 기체, 먼지, 증기 단계로 이뤄진 연소의 화학 작용에 대해 설명할 수 있다.
2.2	구조, 마감재(내벽), 연료 패키지(가연물) 위치 등 구획실 화재 발생이나 확산에 영향을 미치는 요인들을 설명할 수 있다.

제3장

다음 동영상들 이 챕터를 이해하는 데 도움이 될 것이다. Youtube 채널에서 찾을 수 있다.

Ben Walker & Shan Raffel Firefighter Training
유튜브 채널, 교육 부교재 영상 수록집

※ 챕터별 참고 영상이 수록돼 있습니다.

Video and Hyperlinks

Laminar v Turbulent Diffusion Flame

Pre-mixed v Diffusion Flame
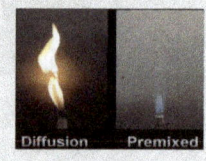 

Zones of Candle Flame

Defining Burning Velocity
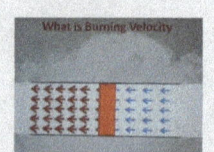 

Flame Breathers

제4장
화재 성장 과정

Chapter 4
–
Fire Growth

화재성장과정은 발화기부터 쇠퇴기까지 조건에 따라 다르기에 소방대원들은 늘 상황평가를 반복해야 한다.

제4장
화재 성장 과정
Chapter 4: Fire Growth

그럼 불은 어떻게 성장할까? 기본적인 가구가 배치된 단일 구획실을 예로 설명한다. 학습의 이해를 돕기 위해 배치된 가구는 목재 가연물이라고 가정한다.

우리가 알고 있는 사실은 다음과 같다.

- 우리는 해당 구획실에 연료가 있다는 것을 알고 있으며, 그 목재 가구의 화학적 구성 성분인 탄소, 수소, 산소에 대해 잘 알고 있다.
- 열분해 후 질소, 산소와 같은 요소(그리고 구획실 내 다른 가구에서 나오는 열분해 생성물)들이 혼합돼 수많은 가연성, 독성 가스를 형성할 수 있다는 것을 알고 있다. 이 모든 것은 '3D 가연물(3D Fuels)'이다.
- 우리는 공기가 존재한다는 것을 알고 있다. 일반적으로 우리는 방에서 호흡할 수 있다.

<u>그리고 우리가 알아야 할 것은 다음과 같다.</u>

우리가 알지 못하는 것은 그 공기가 방의 어디서 흘러 들어오고, 어디로 나가는지에 대한 것이다. 바로 여기서부터 유동 경로 관리(Flow Path Management)가 중요해지기 시작한다.

예를 들어, 방의 북쪽에 창문이 열려 있고 바람이 그 방향에서 불어 들어와 방의 남쪽에 있는 문을 향해 흐른다는 것을 알 수 있다고 가정해 보자. 눈에 보이지 않지만, 그 경로는 유체 매질(Fluid Medium)이 흐르며 고체 물질로 열을 전달해 화재가 확산될 수 있다는 것을 알고 있다.

만약 공기가 어떤 방향으로 흐르는지 모른다면, 연소삼각형을 완성하고 연소를 촉진할 수 있는 화점을 향해 유입되는 공기 유동경로(Air Track)를 만들어야 한다는 것을 기억하자. 또한 화재로 인해 발생한 뜨거운 가연성 가스를 확산시켜 연소 확대될 수 있는 배기구 역할의 공기 유동경로(Flow Path)를 만드는 데에도 주의해야 한다.

따라서 우리가 화재와 배기구 사이에 위치한다면 잠재적으로 우리를 위험에 빠뜨릴 수 있다 (난류 화염과 난류 흐름은 화재 확산 속도를 빠르게 만들 수 있다는 것을 반드시 명심하라!).

열기를 확인할 수 있는가? 열은 화점(혹은 화원)에서 발생하며 연료가 발화점(Fire Point)까지 가열되면 지속적인 열이 유지된다.

연료 대 공기에 대한 비율과 구획실 내에서 화재의 발생 위치는 화재가 어떻게 발달하는 지에 대해 매우 중요한 요소이다.

아래 션 라펠(Shan Raffel) 강사의 그림을 보면 양방향 공기유동경로를 확인할 수 있다.

▲ 구획실 내 화재발화 위치에 따라 대류의 영향과 연소속도는 달라지며
구획실의 크기와 위치에 따라 공기유동경로도 달라진다

방 한가운데서 불이 나면 360° 방향, 즉 모든 방향에서 대류를 통해 공기가 유입된다.

따라서 화염은 확산연소를 하기 위해 360° 의 모든 방향으로부터 공기를 받아들여 충분한 공기를 얻을 수 있어 크게 상승하지 않을 것이다.

그러나 벽에 붙어 있는 곳에서 화재가 발생하면, 벽을 제외한 180° 반경에서 공기를 받아들일 수 있다. 화염은 모자란 공기를 받아들여 연소하기 위해 천장을 향해 비교적 더 높은 곳까지 도달할 것이다.

벽과 벽이 만나는 구석에서 발생한 화재의 경우 90° 반경에서만 공기를 받아들일 수 있기 때문에 화염이 더 높이 상승한다. 화염의 면적이 넓어지며 더 많은 열전달을 하게 되고 이를 통해 더 많은 가연물 표면을 가열해 더 빠른 속도로 화재가 성장하게 된다.

따라서 우리는 실내의 구조나 형태, 모양과 가연물이 실 내부 산소의 가용성과 함께 화재 발달에 어떤 영향을 미치는지 알 수 있게 된다. 개방된 문이나 소방관이 부주의하게 문을 열거나 무심코 창문을 깨뜨릴 때 만들어지는 공기유동경로 등 이런 모든 요소는 화재 성장에 영향을 미칠 수 있다.

우리는 화재가 어떻게 성장하는지에 대한 기본적인 요소들을 함께 알아봤고 불꽃이 어떻게 성장하고 공기유동경로가 어떻게 화재 성장에 영향을 주는지 이해하게 됐다. 이제 화재 성장과정에 대해 살펴보도록 하자.

화재 발달 단계 The Stages of Fire Development

화재의 발생은 일반적으로 다음과 같은 단계로 분류된다.

- 발화기 Initial/Incipient
- 성장기 Developing
- 최성기(플래시오버) Fully Developed(Flashover)
- 쇠퇴기 Decay

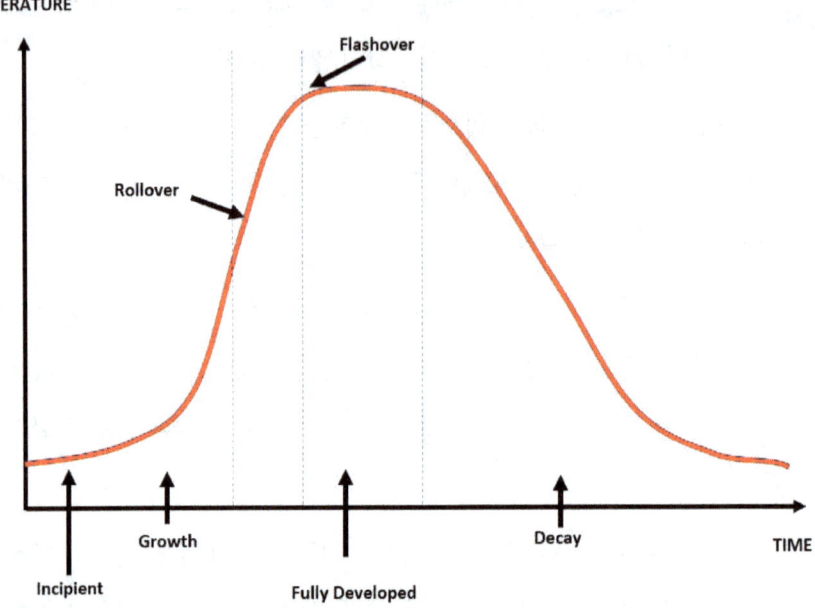

▲ 구획실 내 화재발화 위치에 따라 대류의 영향과 연소속도는 달라지며
구획실의 크기와 위치에 따라 공기유동경로도 달라진다

이러한 화재 발달 단계는 대부분 위 그림과 같이 종 모양인 종곡선(Bell Curve)으로 표현된다.

하지만 이 그림은 화재가 산소를 무제한적으로 공급받지 않는 한 약간의 오해를 불러일으킬 수 있다. 현대 건축물 내부 구획실에 있는 가구와 각종 집기의 화학적인 구성은 지난 20년 동안 급격하게 변화해 왔다. 과거 건축물 인테리어에 없던 현대 건축물의 내부 집기류 등을 생각해 보자.

1980년대 집에서 찍은 사진을 돌아보면 주로 필자의 헤어스타일을 중심으로 많은 변화가 있지만(필자 중 벤 워커는 모발이 없음), 상대적으로 각 방의 배경에 물건들이 얼마나 적은지 볼 수 있다(물론 가정마다 차이는 있다). 하지만 최근 사진을 보면 여전히 안타깝게도 머리카락이 없지만 화재 발생 시 '가연물, 즉 연료'가 될 수 있는 가구와 집기 면에서 훨씬 더 많은 물건이 있다.

가연 범위가 큰 일산화탄소(CO)와 같은 물질을 예로 들어보면, 현대 가구의 연소에서 방출되는 각종 분해 가스의 혼합물은 가연성 범위가 훨씬 더 넓어 거의 90 %에 달한다는 점을 늘 고려해야 한다. 소방대원들은 이 사실을 인지하고 특정 현장에서는 휘발유로 가득 찬 수영장에서 거닐 때와 같은 환경에서 현장활동을 할 수도 있다는 점을 유념하고 해당 현장환경에 주의를 기울여 늘 조심해야 한다. 언제든지 조건만 맞으면 발화해 파괴적인 효과와 비극적인 두 가지 결과를 함께 수반할 수 있다.

현대 건축물 내부의 가연물과 그로 인한 연소생성물은 화재 발생 시 화재 현장에 너무 많은 가연물(연료)을 공급할 수 있기 때문에 구획실 내에 있는 모든 가용 산소가 빠르게 소진돼 연소 과정을 억제할 수 있다. 이는 '거짓 쇠퇴기(False Decay)'라는 인상을 줄 수 있음을 유의해야 한다. 즉, 온도(PVT)가 감소함에 따라 가스의 양도 감소하며 마치 화재가 통제되는 것처럼 보일 수 있다.

산소 공급이 부족해 사실상 '환기지배형(Ventilation Controlled)' 화재의 형태로 보일 것이다.

산소가 부족하기 때문에 정상적인 연소과정 대신 생성된 열은 계속해서 '열분해(Pyrolysis)'를 일으키며 물질을 분해할 것이다. 앞서 언급한 연료는 여전히 방출되겠지만 산소는 없을 것이다. 목재에 대한 화학식 '$C_6H_{10}O_5$(셀룰로오스)' 공식을 다시 살펴보자. 충분한 열이 여전히 존재한다면, 화합물/가스/증기(Chemical/Gaseous/Vapour) 형태의 가연성 연료가 계속 열분해되면서 방출되겠지만 더 이상 연소를 지속하기 위한 산소가 충분하지 않을 것이다. 온도가 내려가면서 연소 범위는 서서히 줄어들 것이다. 가스가 냉각됨에 따라 온도 감소는 부피 감소로 이어지고 중성대가 상승할 수 있음을 의미한다.

생성된 가스는 연소 범위 상한을 초과한다. 연소하기에는 너무 농도가 짙은 상태이다. 공기(산소 함유)가 유입되면 다시 연소 범위로 희석되며 연소 과정이 시작될 수 있다. 단, 지금은 소방대원이 처리해야 할 3D 환경의 화재 현장에 훨씬 더 많은 가스 형태의 연료가 있고 화재는 훨씬 더 빠르게 발달할 수 있다(이 부분은 다시 자세하게 다룰 예정이다).

이런 이유로 아래 그림처럼 또 다른 현상을 보여주는 종 모양의 종곡선 형태가 제시됐다.

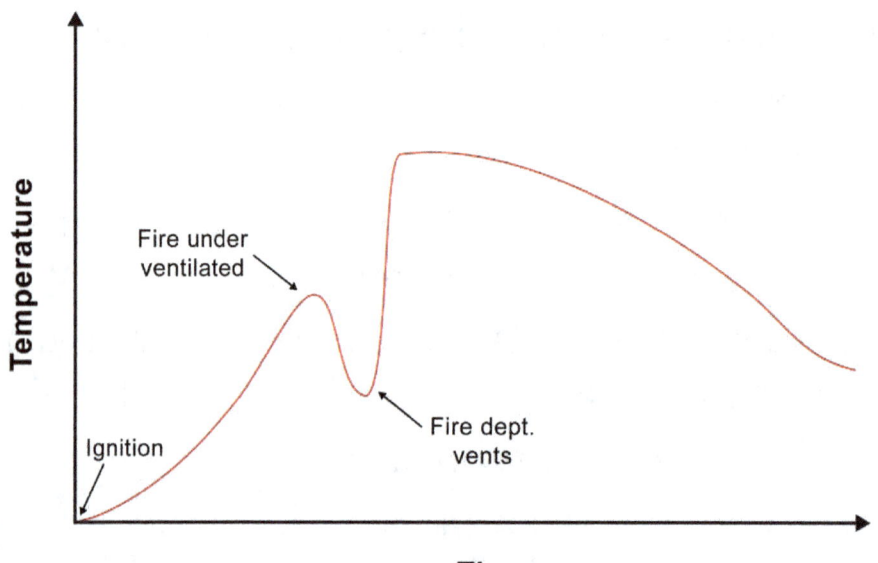

▲ 가연물소재의 변화에 따라 현대화재 발달곡선은 기존의 발달과는 분명한 차이가 있다.
(출처: UL/NIST)

화재가 사용 가능한 산소를 모두 소모하고 온도가 낮아지기 시작하는 지점을 관찰할 수 있으며 위 그래프와 같이 화재는 '환기지배형(Ventilation Controlled)'으로 전환되기 시작한다. 위의 그래프에서는 '쇠퇴기' 상태로 보이지만, 이는 사실 '거짓쇠퇴기(False Decay)'이다.

출동한 소방대원들이 환기 혹은 배연, 파괴(개구부, 지붕 등)를 통해 '급기구(Inlet)'를 만드는 즉시 급기 유동 경로(Inlet Flowpaths Air Track)가 생성된다. 산소공급으로 화재는 다시 연소를 시작하고 발달할 수 있다.

환기 혹은 배연이 이뤄지는 시점부터 화재성상의 빠른 전환과 성장 속도에 주목할 필요가 있다. 환기 조건을 올바르게 관리하지 않음으로써 화재 현장에서 예기치 않은 유동 경로가 생성된다! 이것은 우리가 첫 번째의 가장 일반적인 '종곡선 형태'의 화재발달 현상보다 훨씬 더 현장에서 빈번하게 마주치는 상황이기 때문이다.

소방대원들에게, 화재의 발달(Fire Growth)은 어떤 영향을 주는 걸까?

우리의 모든 전술은 화재 성장 단계에 의해 좌우된다. 만약 우리가 목숨을 걸고 현장에서 구조대상자의 생명을 구하고 그들의 재산을 조금이라도 보호하거나 망자가 발생한 현장 또는 더 이상 보호해야 할 재산이 없는 현장에서의 현장 활동 철학에 비춰 해당 화재 현장이 어느 성장 단계에 있는지 알 수 있다면 우리는 분명히 보다 효과적인 상황판단을 통한 결정을 내릴 수 있을 것이다. 화재가 아직 초기 단계이거나 성장기 단계에 있다면, 우리는 아마도 구조대상자의 생명을 구하고 재산 피해를 완화하기 위해 현장에 보다 적극적으로 개입할 수 있을 것이다.

화재가 최성기 단계로 완전히 발생한 경우, 거주자의 생존 가능성이 희박하고 건물의 구조적 무결성이 감소해 구조 가능성 또한 감소할 수 있다. 해당 상황에 따라 전술도 변경해야 한다. 쇠퇴기 화재는 화재실에 연소 가능한 가연물 연료가 모두 소모된 것이 확실한 훈소 화재는 최성기 단계보다는 다소 안전한 작업 환경일 수 있다.

하지만 우리는 우리도 모르게 압력을 가해 현장의 가연성 가스를 마치 포집주머니와 같이 빈 공간과 보이지 않는 숨은 공간에 축적하지는 않았는지 절대 확신할 수 없다. **실제로 우리는 화재의 잔해가 열분해돼 미연소 가스로 방출되어 높은 에너지를 가진채로 우리를 기다리고 있지는 않은지 확신할 수 없다.**

악화되는 상황을 예방하기 위해 환기 혹은 배연 작업을 시작하기 전에 화재 성장 단계의 어느 위치에 있는지를 파악해야 한다. 이는 신속한 구조를 가능하게 할 수 있는 환기, 배연의 긍정적인 효과와 균형을 함께 만들어야 한다. 어느 쪽이든 화재의 성장 잠재력, 즉 재발화 가능성과 현재 화재 발달단계를 평가해야 한다.

　건물 내부를 통해 화재실 쪽으로 이동할 때, 우리는 늘 현장의 '거짓 쇠퇴기(False Decay)'를 경계해야 한다. 화점으로 다가가는 경로 중 개구부를 개방할 때, 우리의 해당 활동으로 인해 화점에 산소를 공급하는 유동경로(Flow Paths)가 생성될 수 있다. 또 화재 가스의 높은 압력이 우리가 위치한 상대적으로 낮은 압력 영역으로 이동할 수 있으며 충분히 이런 일은 발생할 수 있다는 것을 알아야 한다. 우리는 이러한 조건들을 파악하기 위한 지식과 인식, 안목을 가지고 있어야 한다. '화재실 진입 절차(Door Entry Procedures)'나 다른 전술들을 통해 우리가 생성할 수 있는 공기유동경로를 효과적으로 제어할 방법도 알고 있어야 한다.

🔥 요약 In Summary

화재의 발생은 일반적으로 다음과 같은 단계로 분류된다.

- 발화기 Initial/Incipient: 연소 과정이 시작되는 단계이다.
- 성장기 Developing: 화재가 가연물인 연료와 산소에 더 접근해 성장할 수 있는 위치에 열분해 현상이 발생하고 가스 형태의 연료가 점화되기 시작한다.
- 플래시오버 Flashover : 성장기에서 최성기로 전환 단계
- 최성기 Fully Developed : 사용 가능한 모든 연료가 충분한 산소 공급을 통해 연소되고 있다.
- 쇠퇴기 Decay : 모든 가연물 연료가 소모되고 온도가 감소하며 연소가 중단된다.

🔥 기억하라!

 화재는 환기지배형에 의해 나타나는 거짓 쇠퇴기(훈소)와 같은 현장에서 대원들에게 오해를 불러일으킬 수 있는 잘못된 정보를 제공할 수 있다. 우리는 소방대원으로서의 역할과 더불어 마치 화재 현장의 냉철한 형사가 돼 화재 현장의 정보가 우리에게 무엇을 말해 주는지, 우리의 현장활동이 어떤 영향을 미치며, 그에 따라 어떻게 대응할 수 있는지를 단 몇 초 안에 파악해야 한다.

 형사콜롬보(Columbo), 범죄 드라마 매그넘(Magnum P.I), 노인들을 위한 탐정 드라마 짐 락포트(Jim Rockford), 젊은 시청자들을 위한 CSI 또는 Line of Duty와 같은 화재조사관(Firefighting 'Detective')이 되어 화재 현장에서의 징후들을 읽어보길 바란다!

제4장: 복습 문제
Chapter 4: Revision Questions

- 구획실 내 화점 위치가 화재 성장에 어떤 영향을 미치는지 구획실 정중앙에서 발생한 화재와 코너에서 발생한 화재를 예로 들어 설명하라.

- 20년 전만 해도 없었던 구획실 화재의 가연물 변화에 따른 화재하중에 기여한 세 가지 항목을 열거하라.

- 이러한 항목이 가연성 화재 가스 생성이나 연소범위에 미치는 영향은 무엇인가?

- 화재 발생 단계를 표준 성장 곡선으로 나열하고 간략하게 설명하라.

- 완전히 발달한 최성기 화재에 현저하게 감소되는 두 가지 요소는 무엇인가?

- 구획실 내 화점 위치가 화재 성장에 어떤 영향을 미치는지 구획실 정중앙에서 발생한 화재와 코너에서 발생한 화재를 예로 들어 설명하라.

- 20년 전만 해도 없었던 구획실 화재의 가연물 변화에 따른 화재하중에 기여한 세 가지 항목을 열거하라.

- 이러한 항목이 가연성 화재 가스 생성이나 연소범위에 미치는 영향은 무엇인가?

- 화재 발생 단계를 표준 성장 곡선으로 나열하고 간략하게 설명하라.

- 완전히 발달한 최성기 화재에 현저하게 감소되는 두 가지 요소는 무엇인가?

- 소방대원들이 이동 경로를 효과적으로 관리하기 위해 화점실로 가는 도중 어떤 활동들을 할 수 있는가?

학습 결과 Learning Outcome	설명 Description
2.	구획실 내에서 화재가 어떻게 발생하고 확산되는지 그 방식을 이해한다.
2.1	화재 발달 단계, 연소 방식, 플래시오버, 백드래프트, 화재 가스 발화(Fire Gas Ignition, 혹은 Smoke Explosion 연기 가스 폭발) 측면에서 화재 현상과 화재 발달 과정을 설명할 수 있다.
2.2	구조학적 변화와 구획실 마감재(내벽) 그리고 화재하중에 따른 연료 패키지 위치 등 실내 화재 발생이나 확산에 미치는 영향 요소를 설명할 수 있다.
2.3	개구부가 화재에 미치는 영향과 양방향, 단방향 공기유동 경로의 형성에 대해 설명할 수 있다.
2.6	가연물 연료의 고갈 또는 용존 산소량 고갈의 측면에서 훈소 단계를 설명할 수 있다.

다음 동영상들 이 챕터를 이해하는 데 도움이 될 것이다. Youtube 채널에서 찾을 수 있다.

Ben Walker & Shan Raffel Firefighter Training

유튜브 채널, 교육 부교재 영상 수록집

※ 챕터별 참고 영상이 수록돼 있습니다.

Video and Hyperlinks

Stages of Fire Growth

Geometry and Location of Fuel Package Affects Fire Development

Changes of Ventilation Profile and Effects of Fire

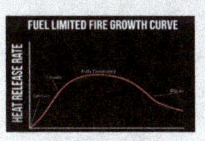

A Kiwi test of Fire Development and Stages 360 degrees

Fire Growth as seen through a Thermal Image Camera

Speed of fire growth when fully ventilated

▲ 션 라펠과 벤 워커 강사의 머리카락이 더 많던 시절 기본기에 대한 교육훈련에 집중했었다.
(Tyne & Wear Fire & Rescue Service, 2008.)

▲ 촛불도 연소과정의 기본과 기초를 이해하는 데 큰 도움이 될 수 있다.
CFBT 태국 국제 강사 과정 중, 션 라펠 교관의 모습
(CFBT Thailand International CFBT Instructors course, 2018.)

제5장

급격한 화재 발달
화재이상현상

1 – 플래시오버

Chapter 5
–
Rapid Fire Developments
1 – Flashover

플래시오버가 도달하기 전에 지표를 읽고 안전한 현장활동 환경을 조성하는것이 중요하다.

제5장
급격한 화재 발달(화재이상현상)
1 - 플래시오버

Chapter 5: Rapid Fire Developments
1 - Flashover

자, 우리는 불이 어떻게 타오르는지, 어떠한 물질을 생성하는지, 그로 인해 어떤 일이 일어나는지, 추가로 화재에 어떤 영향을 미치는지 살펴봤다. 또 이러한 일이 어떤 상황에서 발생할 수 있는지, 그리고 때때로 우리 소방대원들의 현장활동이 어떻게 화재에 영향을 미치는지에 대해 이야기했다.

이번 챕터와 후속 챕터에서는 다음 세 가지 현상의 용어와 이러한 화재 이상 현상들이 어떻게 발생하는지에 대해 좀 더 자세히 살펴보도록 하자.

- 플래시오버(Flashover)
- 백드래프트(Backdraft)
- 화재 가스 발화(Fire Gas Ignition, FGI)

🔥 플래시오버 Flashover

영국소방에서 일반적으로 논하는 플래시오버에 대한 공식 정의부터 살펴보자.

환기 상태의 구획실 화재에서 발생하는 열로 인해 구획실 내 모든 노출된 가연성 물질 표면의 점화를 유발하는 단계. 최성기 화재에 가까운 상황으로 이러한 갑작스럽고 지속적인 화재 전환을 '플래시오버'라고 한다.

The stage in a ventilated compartment fire where heat from the fire plume, fire gases and compartment boundaries cause the ignition of all exposed combustible surfaces. This sudden & sustained transition to a fully developed fire is 'flashover'

화재 발달에 대한 지난 챕터 내용을 간략하게 살펴보면 플래시오버가 발달 중인 성장기 화재와 완전히 발달한 화재 사이의 전환 단계라는 것을 기억할 것이다. 화재에 충분한 산소 공급이 있는 상황이다. 어떻게 이런 현상이 발생할까?

플래시오버에 관해 우리가 이미 알고 있는 내용들을 종합해 대체 무엇이 '구획실 국소 화재가 구획실 전체 화재로 확산된다(The fire in a room (to) become a room on fire)'라는 의미인지 함께 알아보도록 하자.

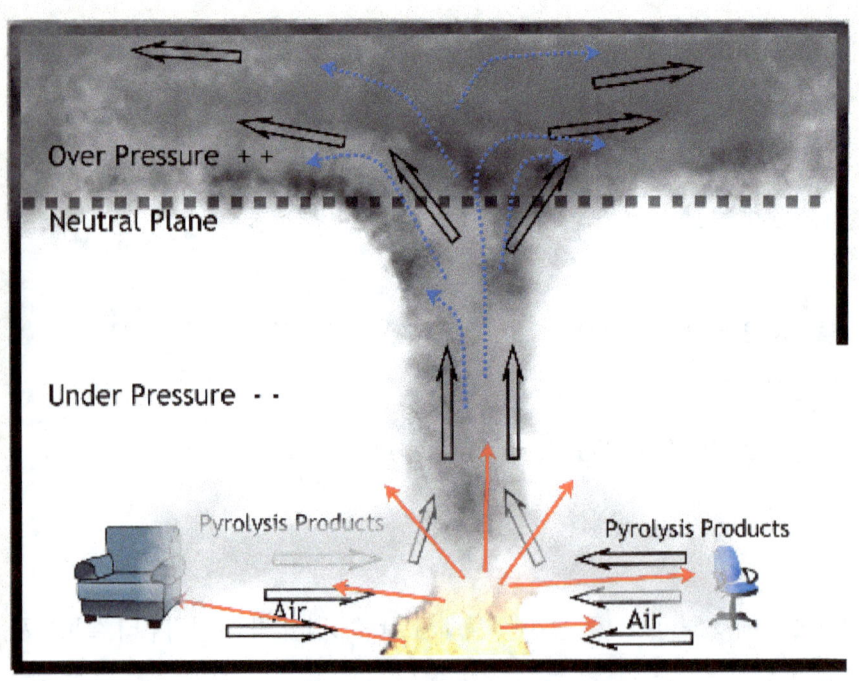

▲ 화재 성장기 단계(션 라펠, Shan Raffel) Developing Fire

구획실 내 화재가 발생해 온도와 열이 증가하고 있다. 열은 열분해를 통해 기체(가스) 형태의 가연성 가스 연료 생성을 유발한다. 기억하고 있는 PVT 관계를 통해 온도가 상승하면 방출되는 가스(연료)의 부피와 압력이 함께 증가한다. 이러한 고압영역의 가스 내 열은 대류와 복사에 의해 저압 영역의 가스로 이동한다. 복사는 그 자체로 주요 열전달의 메커니즘이다. 복사열은 그림의 빨간색 화살표와 같이 직선으로 이동하며 화점에서 가까울수록 그 영향이 크다. 이렇게 대류와 복사는 구획실을 더 뜨겁게 만들고 가연물(연료)의 열분해, 심지어 표면연소까지 유발하며 대류와 복사열 전달을 통해 가연물의 모든 표면을 열분해시키는 상황으로 이어지게 된다.

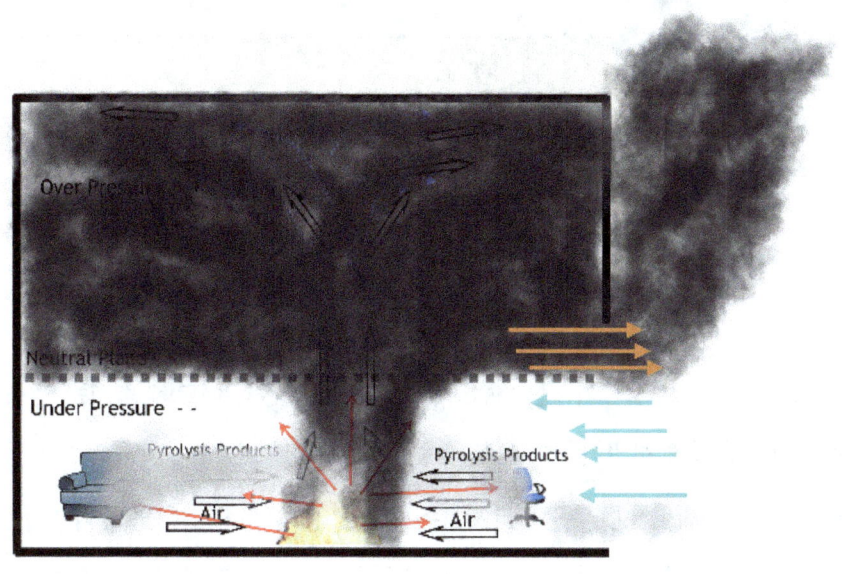

▲ 생성된 중성대는 개구부의 가장 높은 곳을 통해 조금씩 외부로 배출된다.

위 그림에서 보는 바와 같이 구획실 내에 연소되지 않은 가연성 가스가 가득 차 있다. 우리는 구획실의 천장 꼭대기에서 '가스층'이 생성돼 부력으로 인해 외부로 분출되는 가스 방출 현상을 볼 수 있다. 이 부력과 압력이 높아지면서 가스 밀도가 낮아지는 영역과 그 아래의 낮은 대기압 사이에는 뚜렷한 경계가 생긴다. 이러한 압력의 경계 또는 접점을 '중성대(Neutral Plane)'라고 한다. 현재 우리는 가연성 가스 연료와 조건만 맞는다면 연소하기에 충분한 산소로 가득 찬 구획실을 관찰하고 있다. 이 연기층 사이에 명확한 분리가 관찰될 때 이러한 구획실을 열 균형 상태에 있다고 말할 수 있다. 구획실의 하부 온도는 상부보다 현저히 낮다.

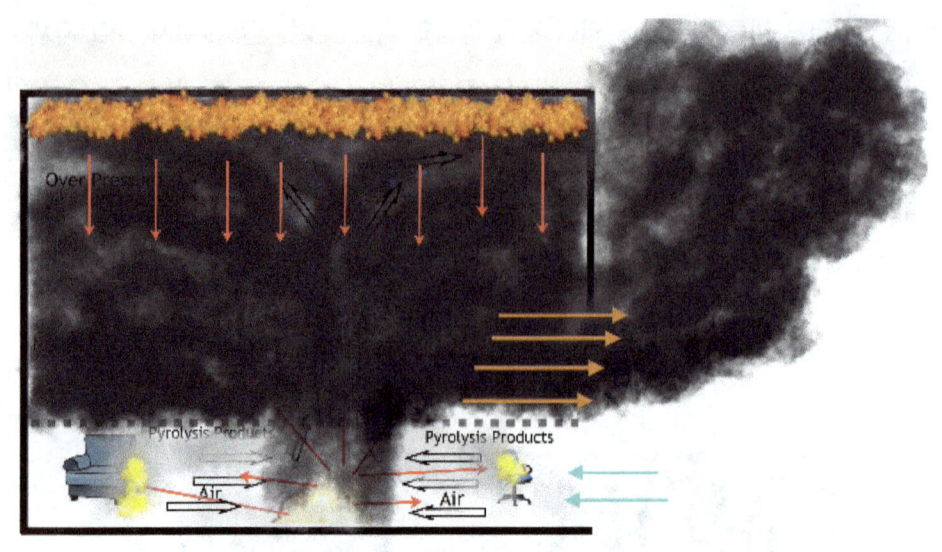

▲ 약 600 ℃의 온도에서 농연은 자연 발화될 수 있다.
At approximately 600 ℃ the smoke can auto-ignite.

구획실 내 연료에 공급 가능한 산소가 충분할 경우 연기 내부에 축적된 연소되지 않은 가연성 연료가 자연적으로 점화될 수 있다.

'롤오버(Rollover)'는 천장을 가로지르는 불꽃 전면의 움직임 현상을 설명할 때 사용하는 용어이다. 롤오버 현상은 화재발달 과정 초기인 발화기에는 보이지 않으며 성장기 단계를 지나 플래시오버에 임박했을때 볼 수 있는 현상으로 다소 늦은 지표라고 할 수 있다. 이로 인해 구획실의 천장 전체에서 바닥면까지 극단적인 양의 에너지를 방출하게 된다. 이러한 급격한 온도 상승은 일반적으로 구획실 내 모든 가연성 물체를 태우는 결과를 초래한다. 위 그림과 같이 천장의 화염에서 아래쪽의 중성대를 향하는 붉은 화살표는 열이 아래쪽을 향해 즉, 구획실 내 더 낮은 압력 영역으로 복사열이 전달되고 있음을 나타낸다. 구획실 내 책장, 책과 같은 내용물, 테이블, 의자, 그리고 결국 바닥면의 카펫까지도 열분해돼 화재에 가연성 가스 연료를 공급하게 된다.

이러한 급속한 화재 발달의 전환 단계를 '플래시오버(Flashover)'라고 한다.

화재 가스의 이동으로 대류에 의한 열 전달은 증가하며 이 중 많은 부분은 연기가 대기 또는 인접한 실내 구획실, 빈 공간 등의 저압 영역으로 흐르게 된다.

▲ 서울소방학교 화재교수들이 플래시오버 훈련을 실시하고 있다(출처: 서울소방학교)

🔥 플래시오버의 지표와 징후 Signs and symptoms of flashover

첫째, 빙빙 돌려 말하지 않고 직접적으로 말하겠다. 만약 지금, 이 글을 읽고 있는 여러분이 플래시오버가 발생하는 방에 있다면, 이미 생존가능성은 매우 낮다는 것을 여러분 스스로 알고 있을 것이다…. 아무리 좋은 장비라도 해당 플래시오버 상황에선 제한적인 보호 기능을 제공할 뿐이다. 필자도 마찬가지다. 실화재 강사진, 그리고 그 어떤 소속 팀장 또는 여러분과 늘 함께하는 동료가 여러분의 배우자/부모님/지인에게 방문하거나 연락해서 여러분의 사고와 관련된 나쁜 소식을 전하고 싶어 하지 않을 것이다. 필자는 이 교재를 통해 소방대원들의 예방 가능한 화재진압 활동 중 순직을 더 이상 보고 싶지 않다. 그러니 독자 여러분의 많은 관심과 주의를 당부하는 바이다.

우리는 아래의 플래시오버 징후들을 몇 년 전부터 알고 있었지만, 습관적으로 목록만 훑어보는 학습인 '리스트러닝(List Learning)'을 해왔다. 하지만 이에 죄책감을 갖지 말고 지금까지 우리가 이 책과 함께 논의하고 나눴던 내용에 대해 다시 한 번 생각해 보면서 왜 그런 징후가 일어나고 있는지, 그러한 징후들이 우리에게 무엇을 말해주고자 하는지를 생각해 보는 데 집중하자.

중성대의 하강 Lowering of The Neutral Plane

PVT 상관관계를 기억하라. 화재 가스의 부피가 증가함에 따라 구획실 아래로 점차 쌓여 내려오고 이는 급격한 온도 상승을 동반한다.

모든 가연물 표면의 열분해와 바닥 높이에서의 열분해
Pyrolysis of all combustible surfaces and pyrolysis at floor level

열분해는 열에 의해 발생하며 가연성 연료 가스의 방출, 즉 '오프가스 현상(off-gassing)'을 볼 수 있다. 구획실 내 모든 곳에서 그리고 모든 가연물 표면에서 이런 현상이 발생한다면 플래시오버 성상이 매우 임박한 상태라고 할 수 있다. 만일 카펫이나 바닥 마감재에서 이러한 오프가스 현상이 발생한다면 실제로 온도는 매우 뜨겁고 플래시오버가 임박한 것이다.

화재 가스 난류 Fire gas turbulence

기체의 흐름(Gas Flow)과 기체 법칙(Gas Laws)을 기억하라. 화재 가스는 온도와 부피가 증가함에 따라 압력도 증가하면서 점차 낮은 지역으로 이동한다. 구획실 내 가구, 공기유동경로, 우리의 화재진압을 위한 현장활동조차도 발화되기 쉬운 화재 가스의 난류를 발생시키고 화재 가스의 표면적을 증가시킬 수 있다. 이러한 화재 가스가 점점 더 빠르게 이동하기 시작하면 이는 플래시오버가 임박했다는 또 다른 신호이다.

가스층의 불꽃과 화재 연기 Flames in the gas layer/Smoke on Fire

 연소범위를 기억하는가? 화재 가스는 연소 범위 안에 있고 구획실 내 압력이 낮은 지역으로 이동하면서 점차 발화된다. 이에 따라 화재는 빠르게 구획실 전체로 확산되면서 완전히 발달하는 최성기의 단계로 발전한다.

빠르게 상승하는 온도 Rapid Increase in Temperature

 아시다시피 가스 상부층의 복사열이 아래로 이동하면 하부 표면이 열분해되고 구획실 내 사용 가능한 연료가 증가한다. 구획실 내부의 온도가 매우 빠르게 상승할 경우 이는 구획실이 플래시오버로 전환되고 있는 것을 나타낸다. 이러한 징후가 나타나기 시작하면 이미 초기 지표를 놓쳐서 심각한 위험에 처하게 된다. 당장 그 자리를 벗어나라!

 소방관들은 어떻게 이 현상을 예방할 수 있을까?

 이 내용은 본 책의 부록인 구획실 소방 '전술 및 기술(Tactics and Techniques)'의 챕터에서 더욱 심도 있게 다룰 것이다. 효과적인 '공기유동 경로 관리(flowpath management)'와 함께 물, CAFS(Compressed Air Foam System), 충분한 유량을 화재 현장에 올바르게 적용하면 안전한 현장활동과 더불어 효율적이고 성공적인 진압 활동으로 플래시오버 발생을 방지할 수 있다.

플래시오버에 대해 간단히 생각해 보면 열이 바로 플래시오버를 발생시키는 결정적인 원인이 되는 방아쇠라는 것이다. 플래시오버가 발생하려면 공기 공급이 원활해야 하고 과압 영역에 연소되지 않은 연료가 축적돼 있어야 한다.

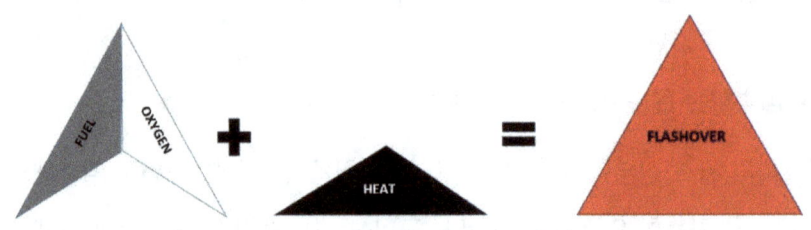

▲ 플래시오버 조건에 대한 설명(출처: 션 라펠, Shan Raffel)

제5장: 복습 문제
Chapter 5: Revision Questions

- 구획실 화재 시 상부 가스층에서 하부로 열이 전달되는 방식은 무엇인가?

- 구획실 화재에서 고압과 저압 영역 사이의 가시적 경계를 무엇이라고 하는가?

- 플래시오버가 임박했을 때의 지표와 징후를 나열하고 설명하라.

- 플래시오버를 본인만의 방식으로 정의하라. 왜 발생하는가? 다이어그램 등 도표를 사용해도 된다.

이 장에서는 다음과 같은 학습 결과에 필요한 정보들을 다룬다.

학습 결과 Learning Outcome	설명 Description
1.6	열에너지가 전도, 대류, 복사를 통해 전달되는 방법을 설명할 수 있다.
2.	구획실 내에서 화재가 어떻게 발생하고 확산되는지 설명할 수 있다.

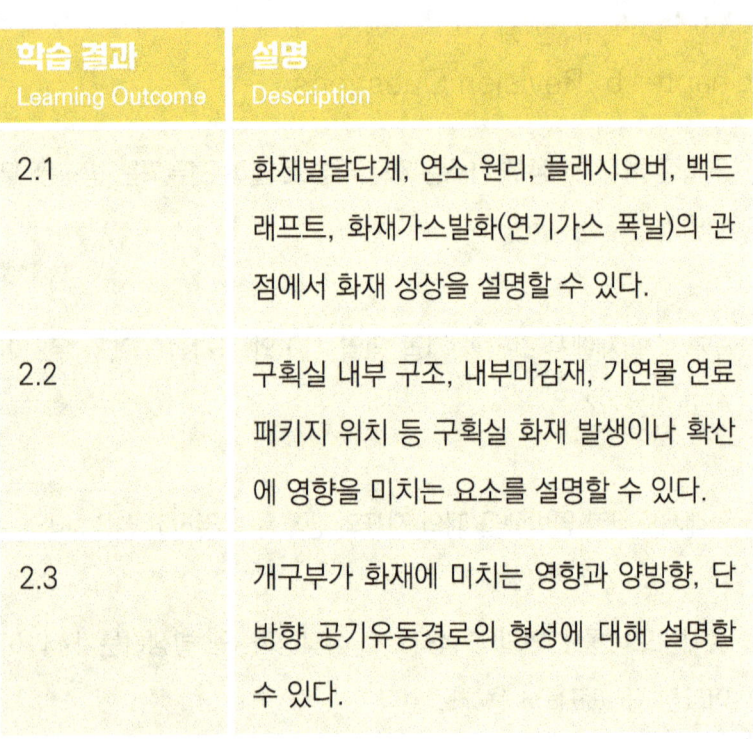

학습 결과 Learning Outcome	설명 Description
2.1	화재발달단계, 연소 원리, 플래시오버, 백드래프트, 화재가스발화(연기가스 폭발)의 관점에서 화재 성상을 설명할 수 있다.
2.2	구획실 내부 구조, 내부마감재, 가연물 연료 패키지 위치 등 구획실 화재 발생이나 확산에 영향을 미치는 요소를 설명할 수 있다.
2.3	개구부가 화재에 미치는 영향과 양방향, 단방향 공기유동경로의 형성에 대해 설명할 수 있다.

다음 동영상들이 챕터를 이해하는 데 도움이 될 것이다. Youtube 채널에서 찾을 수 있다.

Ben Walker & Shan Raffel Firefighter Training
유튜브 채널, 교육 부교재 영상 수록집

※ 챕터별 참고 영상이 수록돼 있습니다.

Video and Hyperlinks

Interactive 360 degree house fire from New Zealand Fire & Rescue Service

Flashover Demonstration - Oakridge Fire Dept (USA)
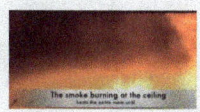

Christmas Tree Flashover
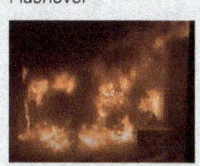

Small Scale Demonstration Flashover
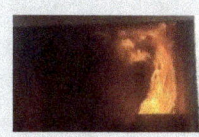

제6장

급격한 화재 발달

화재이상현상

2 - 백드래프트 현상

Chapter 6
-
Rapid Fire Developments
2 - Backdraft

화재이상현상의 원인을 분석하고 그에 대처하여 대비할 수 있는 지식과 훈련경험을 함양하는 것이 중요하다.

제6장
급격한 화재 발달(화재이상현상)
2 - 백드래프트 현상

Chapter 6: Rapid Fire Developments
2 - Backdraft

'백드래프트(Backdraft)'는 좋은 영화이다. 주제에서 약간 벗어났지만 사실 필자는 영화에서 실제 엑스트라로 출연했었던 은퇴한 시카고 소방관 폴 엔헬더(Lt. Paul Enhelder) 팀장을 두어 번 정도 만났었다.

백드래프트란 무엇인가? What is a Backdraft?

어떻게 발생하며 어떻게 관리해야 할까?

우리가 이미 알고 있는 것을 살펴보도록 하자.

▲ 백드래프트 현상 (출처: 충북소방본부 재현실험)

열, 산소, 가연물이 모두 존재해 화재가 발생했지만 어떤 이유로든 산소가 모두 소모됐다. 이것은 산소에 대한 연료의 비율이 너무 높거나 화재에 대한 유동 경로와 공기 공급이 제한됐기 때문일 수 있다. 무슨 일이 일어나고 있는 것일까?

  이미 알고 있듯이, 구획실 내 열로 인해 열분해 현상이 일어났고 '3D' 환경에서는 기체 형태의 가연물이 만들어졌다. 이러한 가연물, 즉 가연성 가스는 산소가 충분하지 않은 환경에 있기 때문에 연소 범위를 초과하고 그 가연성 가스의 비율이 너무 농후해 연소할 수 없다.

  PVT 상관관계를 기억한다면, 구획실 자체는 고정된 컨테이너와 같기 때문에 고온의 가스가 팽창해 결국 구획실을 가득 채울 것이다. 가스가 더 팽창하려고 해도 구획실 외벽 경계 때문에 팽창할 수 없고 내부 압력은 증가하게 된다. 이것이 추가로 내부 압력을 가하면 상대적으로 압력이 낮은 틈새에서 가스가 밀려 나오는 것을 볼 수 있는 이유이다.

  고온과 과압으로 화재실 바깥에서 화재 가스가 밀려 나오듯 배출되면, 화재실 내부에서는 부력이 있는 가스가 배출된 빈 공간으로 가연성 가스가 상승하고 화재실 내부에 그만큼의 음압 영역이 생성된다.

  이 음압 영역은 더 낮은 위치에서의 공기를 '끌어들이거나(Draws)' 받아들이기 때문에 백드래프트가 발생할 가능성이 있는 구획실의 개구부를 열 때 때때로 공기가 빨려 들어가는 것을 느낄 수 있다.

  구획된 실내는 화재 가스로 가득 차 있고 '중성대(Neutral Plane)'는 바닥 높이 혹은 이례적으로 낮은 걸 확인 할 수 있다. PVT법칙에 따라, 뜨거운 가스는 압력과 함께 방출되고 그만큼 차가운 공기는 급속도로 유입되며 화재 가스의 온도는 감소해 기체의 부피 또한 감소하는 현상이 생기고 이로 인해 중성대는 상승하게 된다.

  이렇게 유입된 공기가 화점 또는 화재 기둥(Fire Plume)에 도달해 자연적으로 다시 연소가 시작되면 온도는 상승하고 화재 가스의 부피가 다시 증가하며 중성대는 낮아지게 된다.

그러므로 소방대원들은 마치 '농구공이 튀기는 모습처럼 오르락내리락 바운싱(Bouncing Ball)'하는 중성대가 백드래프트 조건의 신호가 될 수 있다는 것을 인식하고 있어야 한다. 농연이 갑자기 상승하는 것이 효과적인 주수의 결과라기보다는 백드래프트와 연관될 수 있다는 점을 고려해야 한다. 이 두 가지를 혼동하지 않길 바란다!

환기 상태가 좋지 않아 공기유입이 자유롭지 못한 화재는 지속해서 연소하기에 산소가 충분하지 않다. 기체 즉, 가스 형태로 된 연료는 많지만 연소하기에는 지나치게 연료 농도가 짙다. 그러나 가연성 범위 내에서 자연 발화나 열분해라고 알려진 가스 연료 생성 과정을 계속 진행할 만한 충분한 열이 있을 수 있다. 과압(PVT)의 상황에서는 기체 형태의 가연성 가스는 압력이 낮은 구역으로 이동하려고 하는 것이 확실하다.

백드래프트가 발생할 수 있는 구획실 내에 예상치 못한 구멍 등 개구부가 생기면 공기가 갑자기 다시 유입돼 가스를 가연성 범위까지 다시 희석시키며 빠르게 재점화된다. 이로 인해 구획실 내 온도가 급작스럽게 상승하며 가스는 팽창하게 된다(PVT 관계를 기억하라). 이러한 가스는 개구부 상부를 통해 강제로 배출되거나 압력이 충분히 높을 경우 창문 등을 통해 폭발할 수도 있다. 여전히 연소되지 않은 미연소 가스가 구획실을 빠져나가며 외부 공기와 혼합돼 가연성 범위 내로 희석되고 점화 발화된다. 이제 연소범위 내에 있는 가연성가스 덩어리가 구획실 내부에서 생성된 개부구를 통해 외부로 확장되고 있다.

다음 아래의 그림에서 화재 진행 상황을 확인할 수 있다. 환기조건이 제어되고 미연소가스(열분해 생성물)가 많이 있지만 연소를 오래 지속하기에 산소가 부족한 상황이다.

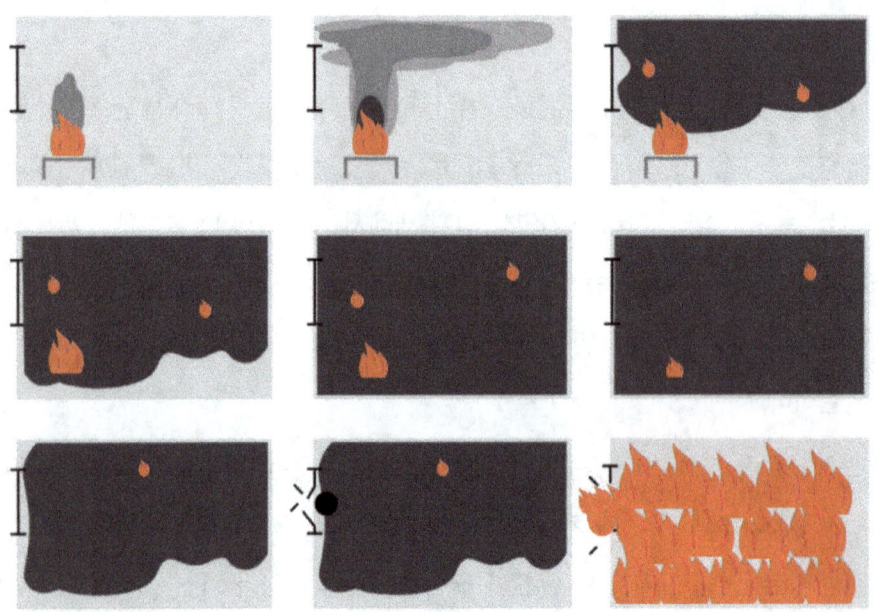

유리창이 파괴되거나 깨지는 현상 또는 소방대원이 현장활동 중 무의식적으로 혹은 배연 전술의 일부로 개구부를 개방해 공기가 유입되며 급기구를 통해 유동경로에 있는 화재 가스가 연소 범위 내로 희석된다. 점화원 또는 자연 발화가 가능한 고온의 온도로 인해 연소가 발생하고 화염은 개구부와 이어지는 공기유동 경로를 통해 과압 영역에서 저압인 외부 영역으로 빠르게 이동한다.

기억하라: 자연 발화 온도(Auto Ignition Temperature) -A.I.T(A) AIR(I) IS (T) TRIGGER "공기, 즉 산소가 결정적 원인이다"

이러한 불꽃의 움직임을 '대화재 혹은 화학적인 폭발현상(Conflagration, 광범위에 걸쳐 연소, 소실시키는 화재)'라고 한다. 아음속, 즉 음속보다 느리거나 또는 음속보다 빠른 초음속일 수도 있다.

백드래프트와 관련해 소방관은 자연발화온도(Auto Ignition Temperature)보다 낮은 연소점(FirePoint)에서도 화재 가스가 점화될 수 있다는 걸 설명해야만 한다.

백드래프트는 잘못 적용된 주수에 의해 발생할 수도 있다. 예를 들어, 가연성 가스를 향한 강력한 직사주수는 불꽃, 불씨 등의 점화원을 동요시켜 연소 범위 안에 있는 가연성 가스에 점화원을 추가시키는 역할을 한다. 이로 인해 백드래프트 현상이 발생할 수도 있다.

개구부는 어떻게 만들어지는가 How are openings created?

개구부는 가연성 화재 가스의 열기로 인해 유리창이 깨지는 등의 구조적 결함이나 소방대원의 배연 전술활동과 같은 현장활동을 통해 생성될 수 있다. 때로는 소방대원들이 환기가 잘 되지 않고 백드래프트 징후가 있는 환기지배형 구획실의 문이나 창문을 무분별하게 개방하는 경우도 있다.

백드래프트의 지표와 징후 Signs and Symptoms of Backdraft

5장(Chapter.5)에서 플래시오버에 대해 논의했듯이, 이러한 이상 현상들은 수년 전부터 존재해 왔다. 이제는 이러한 현상들이 발생하는 구체적인 이유와 어떤 증상으로 나타나는지 아래 내용들을 통해 이해해 보자.

낮은 중성대 Low Neutral Plane

화재실에는 연소에 필요한 산소가 충분하지 않지만, 여전히 열이 있어 열분해를 일으키고 그에 따라 가스를 방출해(PVT 상관관계 고려) 실내를 가득 채우게 된다. 구획실 내부가 미연소 가스로 가득 차면 연기층이 유난히 낮거나 바닥 높이까지 낮아지게 된다.

'오르락내리락하는 중성대' 'Bouncing Neutral Plane'

가스가 압력을 받아 화재실, 즉 구획실에서 빠져나가면서 열이 방출되고 가스량, 즉 가스부피(PVT 상관관계 고려)가 감소하며 중성대가 상승한다. 화재로 인해 만들어지는 뜨거운 화재 가스의 부피(PVT)는 또다시 증가하고 중성대는 다시 하강하게 된다.

압력에 의한 틈새에서 과압 가스 배출 Gases exiting from gaps under pressure

가스의 부피가 구획실 경계에 의해 물리적인 제약을 받게 되면 화재 가스가 더 이상 팽창할 수 없기 때문에 압력은 증가한다(PVT). 이 압력으로 인해 작은 틈과 출구, 창틀, 문틀, 모든 개구부 틈에서 화재 가스가 강제로 배출된다. 이것은 고전적인 지표이다.

배출 가스 점화 Exiting Gases Igniting

위와 같이 지나치게 농후한 가스가 배출돼 공기 즉, 산소와 화재 가스는 연소 범위로 희석된다. 화재 가스가 자연 발화 온도에 이를 정도로 충분히 뜨거우면 개구부나 틈새를 통해 배출되며 점화된다. 이 위치는 배기구 지점에서 먼 거리(Remote)일 수도, 가까운 거리일 수도 있다

'맥동(Pulsing)/호흡하는 화재 가스' 'Pulsing/Breathing Gases'

우리는 이미 압력에 의해 틈새로 밀려나는 화재 가스에 대해 알아봤다. 이미 언급했듯이, 이러한 상황이 발생하면 일시적으로 화재 구획실 내부에 저압 영역이 생성되며 구획 외부에서 더 높은 압력으로 공기가 유입된다. 동일한 틈새나 간격을 통해 화재 가스 배출, 공기유입과 같은 이러한 현상이 반복적으로 발생하면 맥동이라고 일컫는 펄스 또는 연기가 호흡하는 듯한 효과로 나타나게 된다. 이것은 백드래프트가 임박했다는 또 다른 전형적이고 고정적인 징후이다.

개구부 생성 시 공기 유입(휘파람 소리)
Inrush of air when opening created (whistling sounds)

 예를 들어 소방대원이 현장에서 문을 여는 등 개구부가 만들어지면 대류 흐름에 의해 화재 쪽으로 공기가 빨려 들어간다. 이 현상은 대원들이 느끼고 볼 수 있다. 현장활동 중 스트레스를 받거나 공기호흡기(SCBA)를 착용하고 있으면 잘 들리지 않을 수도 있지만 집중해서 귀 기울이면 휘파람 소리가 동반되는 것을 알 수도 있다.

난류성 화재 가스 배출양, 속도, 색상, 구성의 변화.
Turbulent fire gases exiting, alteration in pace, colour and composition

 화재 가스의 모양과 질감이 마치 '버섯(Mushrooms)', '컬리플라워(Cauliflowers)', '솜사탕(Candy-floss)'과 같은 형태로 변화하는 것이 관찰된다면, 화재 가스의 연소범위·난류흐름, 열분해로 생성되는 연료의 양이 변했다는 것을 반영한다. 또 이러한 변화는 화재가 성장하고 고온에 의해 화재 가스의 부력이 증가하고 있다는 것을 반영한다.

'쐐기' 모양의 가스 혹은 공기 흐름 The 'Wedge'

 화재실의 양압(Positive Pressure)에 의해 빠져나가는 화재 가스와 반대로 음압(Negative Pressure)에 의해 유입되는 공기가 결합해 마치 '도어 웨지(Door Wedge, 여닫이문을 고정시키는 도구, 아래에 껴놓는 쐐기)'와 비슷한 모양의 화재 가스가 공기와 뭉쳐있는 모양이 만들어진다. 이것은 좋은 시각적 지표이다.

검게 그을린 창문 Blackened Windows

 산소가 부족하다는 것은 탄소 분자(C)가 산소와 결합하지 않는다는 것을 의미한다. 따라서 환기가 불량한 화재 구획실 내에는 이러한 분자가 많이 존재한다는 뜻이다. 이러한 분자는 접착성이 있기 때문에 창문에 묻거나 '달라붙어(Stick)' 그을음이 되면서 검은창으로 나타난다.

창문이 검게 그을린 것은 환기가 통제되거나 산소가 부족한 화재를 나타내는 지표이다.

백드래프트의 정의 Definitions of Backdraft

팀 리더인 지휘관의 이해를 돕기 위해 백드래프트의 공식적인 정의를 살펴보도록 하자.

'제한적인 환기는 부분적인 연소 생성물과 연소되지 않은 미연소 열분해 생성물이 상당 부분 포함된 화재 가스를 생성하는 구획실 내에서 화재가 발생할 수 있다. 이러한 화재 가스가 축적되고 실내에 개구부가 열렸을 때 공기가 유입되며 갑자기 폭발할 수 있다. 이 기폭제가 구획실을 통과하고 개구부 밖으로 빠져나가는 이동을 바로 '백드래프트(Backdraft)'라고 한다'

'Limited ventilation can lead to a fire in a compartment producing fire gases containing significant proportions of partial combustion products and unburned pyrolysis products. If these accumulate then the admission of air, when an opening is made to the compartment, can lead to a sudden deflagration. This deflagration moving through the compartment and out of the opening is a backdraft'

▲ 경기소방학교에서 백드래프트 시연을 실시하고 있다.
경계관창은 안전한 훈련을 위한 필수요건이다.(출처:경기소방학교)

사용 중인 실무 정의 Working definition

환기지배형 화재는 연소되지 않은 미연소 가스 연료의 양이 많아져 연소할 수 없을 정도로 풍부해져 있다. 이 상황에서 개구부가 만들어지면 공기가 유입되고 화재 가스가 배출되며 가스가 연소 범위로 희석된다. 모든 점화원(또는 AIT)을 통해 연소 반응이 일어나고 생성된 개구부를 통해 압력을 받은 화염과 불꽃이 분출된다. 이 불꽃의 움직임은 아음속(Subsonic) 또는 초음속(Supersonic)일 수 있다.'

 소방대원들에게, 백드래프트는 어떤 의미일까?

현재 우리가 출동하는 대부분의 건축물 화재는 인테리어 소품과 구조 등 여러 가지 요인으로 인해 환기가 통제된다. 따라서 현재 백드래프트 위험이 훨씬 더 빈번하게 발생하고 있으며 우리가 출동하는 대부분의 구획실 화재에서도 분명히 발생 가능성이 있다.

백드래프트의 가능성과 빈도는 현상 징후 파악, 적절한 조치, 유동경로 관리 방법에 대한 실무 지식은 물론 문과 창문을 열 때 공기가 화재에 미치는 영향에 대한 예측과 이해를 배경지식으로 현상 징후에 대한 예방의 중요성이 강조돼야 한다.

 그럼 어떻게 백드래프트를 통제할 수 있을까?

플래시오버(Flashover)와 마찬가지로 백드래프트(Backdraft)를 방지하거나 원하는 방식으로 '유도(Inducing)'하는 등 백드래프트를 처리하기 위해 실시할 수 있는 특정 접근 방식이 있다. 이러한 내용은 '구획실 화재 진압 전술 및 기법(Compartment Firefighting Tactics and techniques)'에서 보다 자세히 다뤘다.

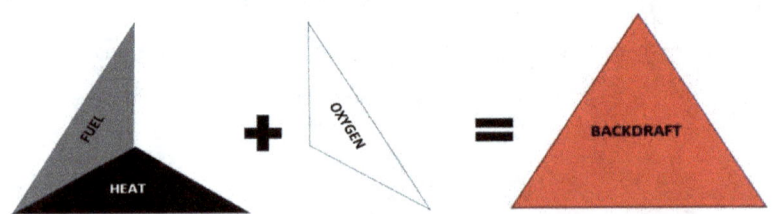

▲ 백드래프트 조건에 대한 설명(출처: 션 라펠, Shan Raffel)

백드래프트를 이해하는 간단한 방법은 구획실 내 화재 가스가 '너무 농후한(Too Rich)' 상태임을 인식하는 것이다. 백드래프트는 공기가 유입돼 화재 가스 연료 농도가 다시 연소 범위로 희석될 때 발생할 수 있기 때문이다.

제6장: 복습 문제
Chapter 6: Revision Questions

- 백드래프트를 일으킬 수 있는 잠재적 점화원 두 가지를 나열하라.

- '대화재(Conflagration)'란 무엇인가?

- 연소의 속도와 관련, 두 가지 유형의 연소에 대해 자세히 설명하라.

- 고압의 화재가스를 생성하기 위해선 무엇이 있어야 하는가?

- 백드래프트 현상을 설명하라.

- 백드래프트 상태를 나타낼 수 있는 다섯 가지 지표와 징후들을 설명하라.

이 장에서는 다음과 같은 학습 결과에 필요한 정보들을 다룬다.

학습 결과 Learning Outcome	설명 Description
1.3	완전 연소, 불완전 연소, 패시브 에이젼트 (Passive Agents)에 대해 설명할 수 있다.

학습 결과 Learning Outcome	설명 Description
1.4	연소 범위와 온도, 압력 변화의 영향에 대해 설명할 수 있다.
1.7	연소삼각형의 한 변을 더 제거해 화학 반응을 방해할 수 있는 작용 측면에서의 소화 원리를 설명할 수 있다.
2.	구획실 내에서 화재가 발생하고 확산되는 방식에 대해 설명할 수 있다.
2.1	화재 발생 단계, 연소 방식, 플래시오버, 백드래프트, 화재 가스 점화(연기 가스 폭발) 측면에서 화재 성장을 설명할 수 있다.
2.2	구획실 내부 구조, 내부마감재, 가연물 연료 패키지 위치 등 구획실 화재 발생이나 확산에 영향을 미치는 요소를 설명할 수 있다.
2.3	개구부가 미치는 영향과 양방향, 단방향 공기유동경로의 형성에 대해 설명할 수 있다.
2.5	다중 구획실 구조를 통해 화재가 확산되는 것을 설명할 수 있다.
2.6	연료 또는 공기 고갈의 측면에서 쇠퇴기, 훈소 단계를 설명할 수 있다.

학습 결과 Learning Outcome	설명 Description
3.	구획실 내에서 소방대원이 화재를 진압하고 재발화를 방지하기 위해 사용하는 전술, 도구, 기술을 이해하고 설명할 수 있다.

다음 동영상들 이 챕터를 이해하는 데 도움이 될 것이다. Youtube 채널에서 찾을 수 있다.

Ben Walker & Shan Raffel Firefighter Training
유튜브 채널, 교육 부교재 영상 수록집

※ 챕터별 참고 영상이 수록돼 있습니다.

Video and Hyperlinks

4k HD Ultra Slow Motion Backdraft

Slow Motion Backdraft Container

Video and Hyperlinks:

Backdraft Simulation

Signs and Symptoms of Backdraft

Backdraft Compilation

제7장

급격한 화재 발달
화재이상현상
3 – 화재 가스 발화

Chapter 7
—
Rapid Fire Developments
3 – Fire Gas Ignition

화재가스발화(FGI) 현상은 예측이 어렵기 때문에 그만큼 사전예방적 현장 활동이 중요하다.

제7장
급격한 화재 발달(화재이상현상)
3 – 화재 가스 발화

Chapter 7: Rapid Fire Developments
3 - Fire Gas Ignition

화재 가스 발화(FGI-Fire Gas Ignition)는 급격한 화재 발달인 화재이상현상 중에서 가장 잘못 해석되고 오해될 수 있는 현상이다. 플래시오버(Flashover)와 백드래프트(Backdraft)에 대한 논의에서 우리는 화재가 발생한 구획실에서 발생할 수 있는 현상들을 정의했다.

화재 가스 발화(FGI)는 화재가 발생한 장소와 비교적 멀리 떨어진 장소에 연소 범위의 화재 가스가 축적돼 발생하는 현상이다.

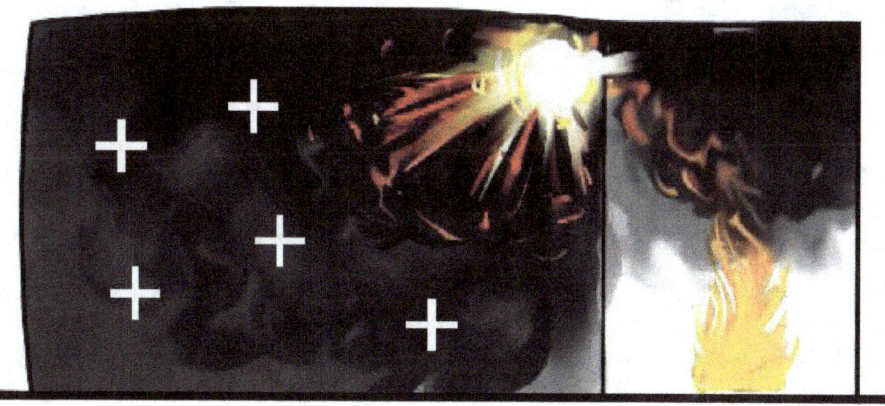

▲ 화재실의 과압된 화재가스들은 작은 틈새를 통해 인접실로 확산되며 연소범위에 들어갈 때 점화원 조건이 성립되면 발화된다

이는 연기가 덕트 또는 환기 시스템을 통해 이동하는 현상 때문에 발생하기도 하고 화재 구획실에서 발생한 열로 인해 인접한 구획실의 가연물이 열분해되면서 발생할 가능성도 있다. 예를 들어, 아래층 구획실에서의 화재에서 발생한 열로 인해 위층 구획실의 바닥과 카펫이 열분해돼 미연소 가스 연료가 구획된 실내공간으로 방출될 수 있다.

▲ 점화원에 의한 FGI 현상(FGI from pilot light)

위 그림은 일반 주택 화재 발생 시 연기가 화재실의 인접한 곳에 축적될 수 있음을 보여주고 있다. 오른쪽 구획실의 오븐 위 불은 해당 구획실 내의 공기와 화점실로부터 유입된 화재 가스가 혼합돼 연소 범위, 즉 가연성 범위로 희석된 축적 가스의 점화원 역할을 하게 된다. 이러한 가스의 비율이 이상적인 혼합물(또는 '화학양론적 혼합비')에 가까울수록 점화를 통해 발생하는 에너지는 더욱 커지게 된다.

백드래프트와 마찬가지로 이러한 가스들을 점화시키기 위해 필요한 것은 점화원이다. 마찬가지로 화재실의 천장을 뚫고 위층에 축적된 화재 가스를 점화시키는 것 같은 구조적 요소 또는 통제되지 않은 소방대원의 배연이나 진압 작업을 통해 화재 가스가 축적된 구획으로 불꽃이 타고 올라가듯이(Climb) 상승해 FGI 현상이 발생할 수 있다.

PVT 관계는 화재 가스 발화 현상이 발생한 구획실에도 적용될 수 있다.

화재가 발생한 인접실의 화재 가스가 화재실로부터 배출된 것이 아니고 열분해 과정에 의해 구획실 자체에서 발생된 경우에는 화재실의 고온이 구획실에 영향을 미치고 있다는 분명한 징후이다. 인접실 자체에서 열분해돼 발생한 화재 가스가 바닥면에서부터 올라온다면 인접실 아래층이 고온, 즉 화점실이라는 것을 소방대원들에게 알려주는 신호다.

열화상 카메라를 효과적으로 사용하면 화재 위치를 파악하고 현장활동 중 FGI가 발생할 수도 있는 상황임을 아는 데 큰 도움이 될 수 있다.

PVT 가스 법칙과 가열된 가스의 부력을 다시 언급하자면, 화재실로부터 멀리 떨어진 곳에 화재 가스가 축적될 수 있는 전형적인 공간은 지붕의 빈 공간이다. 필자는 영국 게이츠헤드의 화재 현장에서 직접 본 적이 있다(The fire in Gateshead, England).

화재 가스 발화(FGI)에는 압력파가 동반될 수 있다. 백드래프트처럼 가압된 가스는 압력이 더 높은 영역에서 낮은 영역으로 이동하며 아음속(Subsonic) 또는 초음속(Supersonic)일 수 있다. 아음속 화재 가스 점화는 '인화점(Flashpoint)'에 있는 연료와 같은 가연성 가스를 모두 소모하며 상당히 빠르게 연소될 수 있다.

이러한 현상을 '플래시 파이어(Flash Fire)'라고 부르기도 하는 이유이다. 필자가 경험한 게이츠헤드(Gateshead) 화재 가스 발화 현상이 그 대표적인 예다. 지휘차에서는 섬광과 함께 '짝(Clap)' 하는 박수 소리 같은 소리가 크게 들린 뒤 이어 아무것도 보이거나 들리지 않았다. 다행히도 당시 지붕 공간에 소방대원은 아무도 없었다.

화재 가스 발화 현상 역시 음속보다 초음속으로 이동하며 폭발로 이어질 수 있다. 이러한 현상의 비극적인 예는 1996년 사우스 웨일즈의 블라이나에서 발생한 치명적인 화재를 예로 들 수 있다(Fatal fire in Blaina, South Wales, in 1996). 화재 가스 발화(FGI) 현상으로 거대한 압력파가 동반돼 '폭발로 인한 부상(blast injuries)'으로 소방관 두 명이 치명상을 입었다. 이러한 압력파의 힘은 문을 강제로 닫고 고압 호스릴 튜브를 '압착(Crimping)'해 이후의 모든 현장활동 구조 시도를 방해할 정도였다.

이러한 고압을 동반한 연기 폭발 현상을 '연기 폭발(Smoke Explosions)'이라고도 한다.

▲ F.G.I 현상은 예측할 수 없는 순간에 발생하여
'소방관 킬러(Firefighter Killer)'라는 별칭으로 불리우기도 한다

 소방대원들에게, 화재 가스 발화(FGI)란 어떤 의미인가?

화재 가스 발화에서 배워야 할 가장 중요한 점은 다시 한번 강조하지만 우리가 3D 환경에서 현장활동을 하고 있다는 사실을 항상 기억하는 것이다. 항상 말이다.

화재가 건물 내의 다른 부분에 있다는 것을 알게 되는 경우에도 마찬가지다. 화재가 진압됐다고 생각할 수도 있지만, 위험하고 인화성이 강한 화재 가스 연료로 가득 찬 환경에서 단지 점화원을 기다리고 있을 수도 있다.

소방대원들은 화재가 발생한 구역이나 발생했다고 신고된 구획부터 주변 구획의 순서로 여러 공간을 인명 검색한다. 이러한 인명 검색을 위한 공간들은 보통 건물 직상층 등 여러 구역으로 나뉘어져 있다. 비록 화재는 없지만 화재 가스로 가득 찬 방에 우리 대원이 들어가면 어떻게 될까? 이는 언제든지 화재가 해당 공간으로 확산될 수 있는 화재 가스가 쌓이고 있으며 이는 대원이 즉시 위험할 수 있다는 것을 나타낸다.

위험 구역 내에서 현장활동할 때 이를 효과적으로 처리할 수 있는 진압장비와 기술을 항상 보유하는 것이 소방대원으로서 중요하다는 것을 잊지 말아야 한다.

🔥 화재 가스 발화(FGI)의 지표와 징후 Signs and symptoms of fire gas ignition

화재실에서 멀리 떨어진 구획실에 화재 가스/연기가 축적되는 경우
Accumulation of fire gases/smoke in a compartment known to be remote from the fire compartment

이는 숨겨진 화재 확산의 지표인 '이동(Travel)'에 의해 발생할 수 있다.

화재가 없는 방의 바닥/벽/천장에서 열이 감지되는 경우
Indication of heat from floors/walls/ceilings in rooms with no fire

이러한 상황에서 열화상 카메라(TIC)를 사용하면 화재 위치를 잘 파악할 수 있으며 대원 현장안전에 중요한 정보를 얻을 수도 있다. 예를 들어 바닥은 직접적인 화재 피해로 인해 구조적으로 약해질 수 있다. 따라서 대원들은 극도로 주의해야 한다. 그러나 FGI는 연기가 모이는 지역의 온도가 상대적으로 낮더라도 여전히 발생 가능하다는 점을 기억해야 한다.

▲ 농연속에서 랜턴의 불빛을 이용해 검색 수색을 하는 순간에 예상치 못한 점화원에 의해 갑자기 발화되기도 한다.

모든 표면과 구획 경계, 근처에서 발생하는 열분해 현상
Pyrolysis of any surface and those near, or that are, compartment boundaries

　구획실에서 가연물 표면의 열분해 가스 방출은 하나의 지표다. 아직 '연기가 충분(Smoke Filled)'하게 축적되지 않았거나 다량의 화재 가스가 포함되지 않을 수도 있지만, 이는 앞으로 전개될 상황을 보여주는 전형적인 징후이다. 이를 예방하기 위해 대원들은 다른 구획실의 열분해 현상을 일으키는 열을 컨트롤하는 부분에 대해서도 늘 고려해야 한다.

화재 가스 발화(FGI)에 대한 정의 Definitions of fire gas ignition

　공식 정의는 다음과 같다.

　'연소되지 않은 연료와 열분해 생성물이 화재 발화지점으로부터 멀리 떨어진 공간에 축적된 경우, 일단 연소 범위 내에 들어오고 점화원이 있을 경우, 아음속 또는 초음속으로 착화 연소되는 현상'

'Any accumulation of unburned fuels, pyrolysis products in a compartment remote from that of fire origin. Once within the flammable range, given the introduction of an ignition source, these will ignite and deflagrate either sub or supersonically'

사용 중인 두 가지 실무 정의 Two working definitions

'화재실에서 떨어진 곳에 가스 연료가 축적돼 공기, 점화원과 혼합된 후 점화되는 현상'

'A build-up of gaseous fuels in an area away from the fire compartment that mixed with air and an ignition source will ignite with varying force'

'인화성 상태에 존재하거나 인화성 상태로 운반되는 축적된 화재 가스와 연소 생성물의 발화'

'An ignition of accumulated fire gases and combustion products, existing in, or transported into, a flammable state'

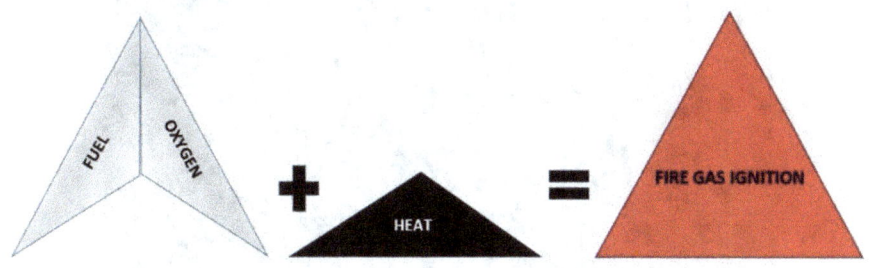

▲ F.G.I 조건에 대한 설명(출처: 션 라펠, Shan Raffel)

FGI를 이해하는 간단한 방법은 연소되지 않은 연료로 채워진 연기가 원래의 화재 구역에서 멀리까지 이동할 수 있다는 것을 이해하는 것이다. 그 과정에서 공기와 어느 정도의 '사전 혼합 혹은 예혼합(pre-mixing)'이 있을 것이다. 이 혼합물에 점화원이 유입되면 매우 갑작스럽고 강력한 연소 현상이 발생할 수 있다.

▲ 션 라펠(Shan Raffel) 교관은 나뭇조각이 열분해되는 플라스크에서 나오는 하얗고 차가운 연기를 포집한다. 그 후 라이터를 이용하여 '연기(Smoke)'에 불을 붙이면 연기는 빠르게 불꽃으로 발화한다.
　　Shan Raffel captures the white cold smoke from a flask where wood chips are pyrolyzing. A lighter is used to ignite the "smoke" and it is rapidly transformed to flame.

제7장: 복습 문제
Chapter 7: Revision Questions

- 화재로부터 멀리 떨어진 구획실에 어떻게 화재 가스가 축적될 수 있는지 설명하시오.

- 화재 가스 발화(Fire Gas Ignition)란 무엇인가? 직접 설명하시오.

- F.G.I의 지표와 현상을 자세히 설명하시오.

- 열화상 카메라로 바닥부터 열이 표시되면 그것은 무엇을 의미하는가?

- 화재 가스 발화는 '플래시 파이어(Flash Fire)'나 '연기 폭발 (Smoke Explosion)'이라고 부르기도 한다. 이 둘을 구분해 설명하시오.

이 장에서는 다음과 같은 학습 결과에 필요한 정보들을 다룬다.

학습 결과 Learning Outcome	설명 Description
1.3	완전 연소, 불완전 연소, 패시브 에이전트 (passive agents)에 대해 설명할 수 있다.
1.4	연소 범위와 온도, 압력 변화의 영향에 대해 설명할 수 있다.

학습 결과 Learning Outcome	설명 Description
2.	구획실 내에서 화재가 발생하고 확산되는 방식에 대해서 설명할 수 있다.
2.1	화재 발생 단계, 연소 방식, 플래시오버, 백드래프트, 화재 가스 점화(연기 가스 폭발) 측면에서 화재 성장을 설명할 수 있다.
2.2	구조적, 안감(내벽), 연료 패키지 위치 등 구획실 화재의 발생이나 확산에 영향을 미치는 요소를 설명할 수 있다.
2.5	다중 구획실 구조를 통해 화재가 확산되는 것을 설명할 수 있다.
2.6	연료 또는 공기 고갈의 측면에서 쇠퇴기나 훈소 단계를 설명할 수 있다.
3.	구획실 내에서 소방대원이 화재를 진압하고 예방하기 위해 사용하는 전술, 도구, 기술을 이해하고 설명할 수 있다.

다음 동영상들 이 챕터를 이해하는 데 도움이 될 것이다. Youtube 채널에서 찾을 수 있다.

Ben Walker & Shan Raffel Firefighter Training

유튜브 채널, 교육 부교재 영상 수록집

※ 챕터별 참고 영상이 수록돼 있습니다.

Video and Hyperlinks

Fire Gas Ignition – Differences

Fire Gas Ignition– Model from above

French Fire Gas Ignitions

The best FGI video - low temperature smoke is still highly flammable fuel!

제8장

급격한 화재 발달
화재이상현상

4 - 토치, 바람으로 인한 화재와 외부 확산 화재

Chapter 8
—
Rapid Fire Developments
4 – Blowtorch, Wind Driven and External Spread Fires

바람으로 인한 화재는 늘 예기치 못한 결과로 이어진다.

제8장

급격한 화재 발달(화재이상현상)
4 - 토치, 바람으로 인한 화재와 외부 확산 화재

Chapter 8: Rapid Fire Developments
4 - Blowtorch, Wind Driven and External Spread Fires

영국에서 우리는 지난 10년 동안 고층 빌딩에서 발생한 두 건의 화재로 4명의 소방대원을 안타깝게 잃었다. 이 두 사건 모두 현장 활동 중, 환경적 요인을 충분히 고려되지 않았으며 특히 강력한 바람이 화재에 큰 영향을 미쳤다. 자세히 살펴보도록 하자.

바람은 초목을 뚫고 이동하는 산불부터 건물과 같은 구조물에 이르기까지 모든 유형의 화재에서 특징적인 요소다. 고도가 높아지면 바람의 영향이 증폭되는 경우가 많다. 날씨와 바람의 패턴은 매우 복잡한 기상학적 개념이지만, 우리 소방대원들에게 어떤 의미가 있을까?

PVT 원리를 앞서 수없이 반복했지만 다시 한번 언급하고자 한다. 단일 개구부가 있는 구획실에 해당 개구부를 통해 공기, 즉 바람을 불어 넣으면 압력은 풍속에 비례해 상승하고 그 구획실은 압력을 받게 된다. 만약 문이 열려 있으면 공기유동경로가 생성되고 비록 느리더라도 실내에 압력이 계속 가해지면서 개구부, 출구와 같은 열린 문 사이에 공기 흐름이 생기게 된다.

앞서 설명한 바와 같이 바람에 의해 생성되고 화재 가스와 혼합된 난류 가스 흐름은 더 빠른 불꽃 속도와 화재 확산을 가져올 수 있다. 바람이 더해지면 연료가 더욱 원활히 혼합되는 환경이 조성되는데 이는 보다 완전 연소할 수 있는 최적화 조건이 된다. 이러한 조건이 존재할 때 화재 가스 혹은 가연물(연료)은 더 빠르게 사용되며 열방출률과 온도는 더 높아진다.

바람의 유입으로 더 많은 열에너지가 방출되고 불꽃 속도가 빨라지며 온도가 높아진다. 각각의 요소는 저마다 그 자체로도 충분히 위험하다

바람은 어떻게 유입되고 어떠한 일을 만들까?
How does wind get introduced and what then happens?

바람 유입의 일반적인 원인은 열에 의한 창문의 파괴 등 파손이다. 바람이 불지 않는 환경에서 유리창문이 파손된 경우 고압의 화재 가스가 상부로 빠져나가고 개구부 하부를 통해 공기가 유입되면서 눈에 보이는 중성대가 생성된다. 이를 '양방향 공기유동경로(Bi-Directional FlowPath)' 라고 한다.

다음 그림을 보면 바람이 불지 않고 하단에 있는 창문이 고장 나 열린 상태가 되면서 양방향 유동 경로, 즉 화재 가스가 빠져나가고 외부 공기가 하단부로 유입되는 것을 볼 수 있다.

▲ 바람이 부는 겨울철 고층아파트 화재는 빠르게 발달하는 양상을 보인다

소방대원이 현장활동 중 출구 혹은 천장 파괴 후 개구부를 만들면 추가 유동경로가 생성된다. 창문에서 배출되는 화재 가스가 있지만 대부분은 건물 내부를 통과하면서 천장 환기구를 향해 흐르고 있다.

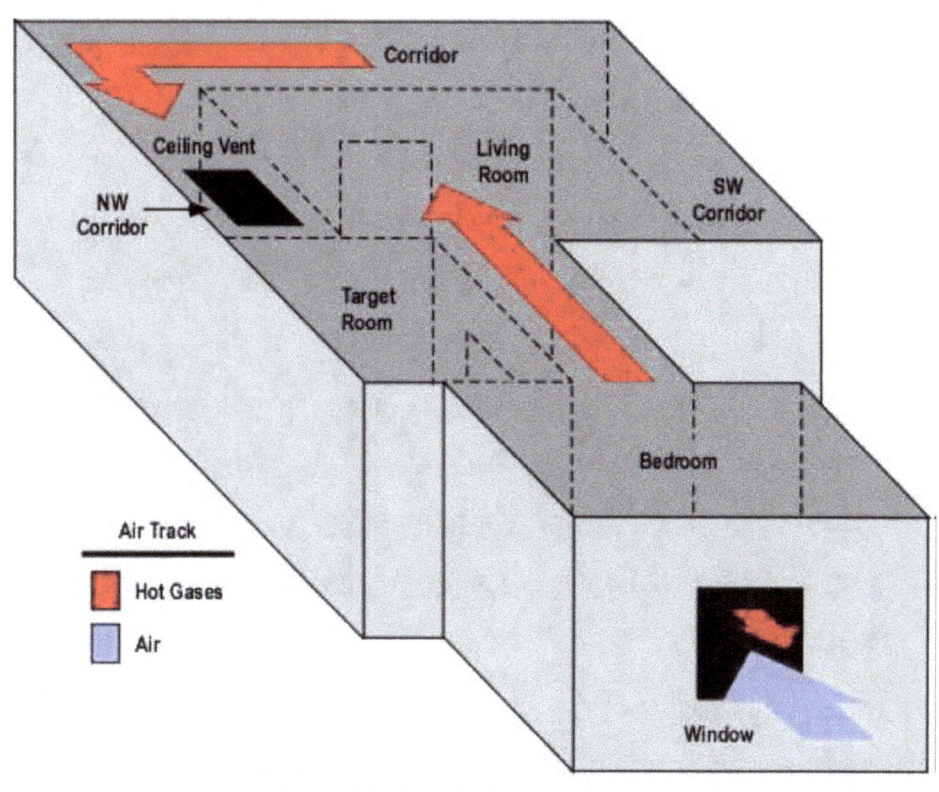

▲ 출처: LA 카운티 FD 제공(Credit LA County FD)

1방면(A-Section)에 바람이 불면 입구에는 '밀폐 효과(Sealing Effect)'가 생겨 모든 화재 가스가 창문 등 개구부 밖으로 빠져나가지 못하게 되고 천장 환기구로 모든 화재 가스가 향하게 된다. 양방향 공기유동경로(Bi-Directional Flow)가 단방향 공기유동경로(uni-directional)로 바뀐다. 유입된 공기는 급기구 공기유동경로를 따라 화점 방향으로 이동하고 뜨거운 가스는 배기구 공기유동경로를 따라 배출구로 이동한다. 급기구와 배기구가 명확한 공기유동경로에 바람이 유입되면 단방향 공기유동흐름이 생성되며 해당 경로를 따라 모든 공간에 단방향 공기유동경로(Uni-Directional Flow)가 만들어진다. 특히 고층 건물에는 '채널링(Channelling)' 효과가 있는 복도가 있을 수 있다. 이러한 화재의 유동 경로는 이동 속도와 높은 온도, 열방출률로 인해 '블로우토치(BlowTorch)' 효과라고도 한다.

소방관들에게, 이러한 것은 어떤 의미인가?

앞서 언급한 바와 같이 공기유동경로가 생성된 건축물에 바람이 유입되면 토치 효과가 발생할 수 있다. 우리가 바람으로 인한 화재를 의심하거나 화재가 발생했다는 것을 알고 있을 때 다음의 우선순위를 고려하는 것이 가장 중요하다.

우리는 화점을 검색하며 전진하는 이동 동선에 공기유동경로인 급기/배기구를 생성하지 않도록 주의해야 한다. 사실 우리는 그렇게 행동하지 못하는 것을 알고 있다. 문과 창문 등 개구부를 통제하고 우리의 동선을 설정한 후 유동 경로를 관리하는 것을 최우선으로 고려하면서 안전사고 예방에 최선을 다해야 한다.

바람에 의한 화재(Wind Driven Fires)는 높은 열방출률 때문에 빠르고 효율적인 고온의 연소 과정으로 이어진다. 따라서 화재를 효과적으로 제어하고 진압할 수 있는 충분한 유량이 필요하다. 공격적인 진압 활동을 실시하기 전에 충분한 양의 지속적인 용수 공급이 필요하다.

🔥 바람에 의한 화재의 지표와 현상 Signs and symptoms of wind-driven fires

도착 시 주요 지형지물(Landmark, 랜드마크)을 이용해 풍향과 속도(깃발, 나무, 풍량계, 먼지 등)를 확인해야 한다.

유리창이 깨지고/열림 Broken/open windows

소방대원은 잠재적 그리고 현재 기준의 공기 유동 경로를 고려해야 한다.

바람이 불어오는 풍상 측의 깨진 창문은
화염이 보일 수 있지만 화재 가스는 배출되지 않는다
Broken windows known to be on the upwind side,
where flames may be visible but fire gases are not exiting

  양방향 공기유동경로가 보이지 않는 경우 바람에 의해 개구부가 '봉쇄(Sealed)'돼 구획실/건물 내부로 단방향 공기유동경로가 생성됐음을 나타낸다.

바람이 불어 나가는 순풍(풍하) 쪽의 큰 불꽃/가스
Large flames/gases on the downwind side

  압력의 법칙에 따라 화재 가스는 압력이 상승하면서 낮은 곳으로 배출돼야 하지만 풍압에 의해 강제로 배출되고 있다. 입 밖으로 물을 분무기처럼 푸~ 뿌리려고 하는 것을 상상해 보자. 이제 뒤바람이 불 때 다시 시도해 보자. 여러분은 여전히 물을 뱉거나 뿌릴 수 있지만 바람의 도움으로 점점 더 멀리 날아갈 것이다!

과압의 연기가 유동 경로에서 잠재적으로 배기구가 될 수 있는
닫힌 문/창문의 틈새에서 배출
Pressurised smoke escaping from gaps in closed doors/windows
on the potential outlet flow path towards exhaust vents/outlet

  이는 개구부가 열리거나 배기구가 만들어지면 단방향 공기유동경로가 생성될 수 있는 가압 상황이 이미 발생했음을 나타낸다.

맞바람이 부는 풍상측의 창문에서 '맥동(pulse)'
또는 '뿜어지는(belches)' 농연
'Pulses' or 'belches' of smoke from the upwind window

  맞바람이 부는 창문에서 맥박이 뛰듯이 혹은 마치 트림이 나오듯이 뿜어지는 연기는 구획실 내부에 존재하는 배기구로 내부의 모든 압력을 방출할 수 없을 정도로 압력이 가해졌음을 나타낸다. 따라서 사실상 아직 완전한 공기유동경로가 생성되지 않은 상태에서 내부 압력을 방출하기 위해 농연을 내뱉는 것과 같은 상황이다.

바람에 의한 화재의 지표와 징후, 잠재적으로 위험한 상황의 징후는 다른 급격한 화재 발달 과정 즉 화재이상현상의 지표들과 유사하다. 하지만 우리가 현장활동 중인 환경과 건물이 가장 큰 지표가 돼야 하며 고층 건물, 특히 바람으로 인한 급격한 화재 상황의 변동 가능성에 늘 주목하며 활동해야 한다.

코안다(Coanda) 효과 The Coanda effect

코안다(Coanda) 효과는 유체 역학 원리다. '속도가 빠른 유체의 흐름이 전기적 점성에 의해 근처 가까운 표면으로 끌어당기는 경향'으로 정의된다.

▲ 최근에 거실을 확장해 발코니공간이 거실 일체형이 된 아파트의 경우 이러한 효과가 발생할 수 있다

▲ 코안다 효과는 유체가 주변 다른 유체와 명백하게 구분되는 빠른 속도에서 곡면의 물체를 만나면 표면의 곡선을 따라 휘어지며 흐르게 되는 공기 역학적 현상이다. 즉, 개구부를 통해 외부로 분출되었던 화염이 건물 외벽쪽으로 다시 돌아오게 된다

마크 피쉬락(Mark Fishlock)의 연구에 기반한 위 그림을 보면 건물 표면에서 배출 가스가 빠져나가지 못하고 건물 표면으로 다시 끌려가는 것을 확인할 수 있다.

이를 근거로 화재에서 발생한 열은 창문과 같은 위쪽 표면의 물질에 대류를 통해 전달돼 화재가 발생하면서 초기 화점층 직상층부로 연소 확대될 수 있다. 이러한 경우 수직 화재 확산을 더욱 촉진시킨다.

이와 더불어 '클래딩(Cladding)'으로도 잘 알려진 알루미늄 복합패널(ACP) 건축물 외부 마감재 사용의 확산은 건축물 화재의 외부 출화 시 화재의 연료가 될 수 있다.

코안다(Coanda) 효과는 건물로 열을 다시 끌어들이고 불활성 재료를 사용하지 않는 한 이러한 패널마감재의 단열재를 가열, 열분해를 통해 화재의 연료화가 될 수 있다.

화재가 건물과 패널 내부 사이의 빈 공간인 공동구 등으로 확산될 경우 화염은 제한된 반경에서만 공기가 유입된다. 이에 따라 제한된 공간에서 더 많은 공기가 유입되기 위해 그리고 화염의 크기를 키우기 위해 상당히 확장돼 더 많은 열분해와 화염 확산을 일으킬 수 있다.

이는 두바이 더 토치 빌딩(The Torch building in Dubai), 런던의 그렌펠 타워(Grenfell Tower in London), 멜버른의 라크로스 빌딩(Lacrosse Building in Melbourne), 체첸의 그로즈니 시티 타워(Grozny City Towers in Chechnya), 미국 라스베이거스의 몬테칼로 호텔(Monte-Carlo Hotel in Las Vegas,USA), 영국 스코틀랜드의 가녹 코트(Garnock Court in Scotland, UK.)에서의 화재와 마찬가지로 '건물 전체높이까지 외부 확산 화재(Full Height, External Spread Fire)'가 발생할 수 있다.

코안다(Coanda) 효과는 뜨거운 농연과 화염을 건물 쪽으로 다시 끌어당긴다는 것을 기억하자.

제8장: 복습 문제
Chapter 8: Revision Questions

- 개구부가 만들어지면 풍속에 비례해 구획실은 어떻게 되는가?

- 바람이 연료와 공기의 최적 혼합 조건을 형성할 때 화재에 미치는 영향 세 가지를 나열하라.

- 소방대원이 바람으로 인한 화재(Wind Driven Fires)에 출동할 때 하지 말아야 할 행동은 무엇인가?

- 소방대원이 현장에 도착했을 때 바람의 방향과 속도를 평가하기 위해 살펴볼 수 있는 것 세 가지를 답하라.

- '양방향'과 '단방향' 공기유동경로의 차이점을 간략하게 설명하라.

- 바람으로 인한 화재가 진행 중일 수 있는 징후와 증상 세 가지를 나열하라.

이 장에서는 다음과 같은 학습 결과에 필요한 정보들을 다룬다.

학습 결과 Learning Outcome	설명 Description
2	구획실 내에서 화재가 발생하고 확산되는 방식에 대해서 설명할 수 있다.
2.2	구조적, 안감(내벽), 연료 패키지 위치 등 구획실 화재의 발생이나 확산에 영향을 미치는 요소를 설명할 수 있다.
2.3	환기구가 화재에 미치는 영향과 양방향, 단방향 공기유동경로 형성에 대해 설명할 수 있다.
2.4	바람에 의한 화재가 열방출률에 미치는 영향을 설명할 수 있다.
2.5	다중 구획실 구조를 통해 화재가 확산되는 것을 설명할 수 있다.
2.6	연료 또는 공기 고갈의 측면에서 쇠퇴기나 훈소 단계를 설명할 수 있다.
3	구획실 내에서 소방대원이 화재를 진압하고 예방하기 위해 사용하는 전술, 도구, 기술을 이해하고 설명할 수 있다.

학습 결과 Learning Outcome	설명 Description
3.1	공격/내부 공격, 전환공격, 방어/외부 공격 전략을 설명할 수 있다.
3.2	내부 공격, 전환 공격, 외부 공격에 적합한 주수기법을 설명할 수 있다.
3.3	다양한 주수 기법과 시너지 효과를 낼 수 있는 배연 전술과 기술을 설명할 수 있다.

다음 동영상들 이 챕터를 이해하는 데 도움이 될 것이다. Youtube 채널에서 찾을 수 있다.

Ben Walker & Shan Raffel Firefighter Training
유튜브 채널, 교육 부교재 영상 수록집

※ 챕터별 참고 영상이 수록돼 있습니다.

Video and Hyperlinks

Time Lapse Dubai
External Fire Spread

High Rise Building
External Spread Fire

External Building
Cladding and Fires

Wind-driven fire
research

Exterior Conditions of
Wind-driven fires

Wind-driven fire-
NIST, Chicago, USA

제 8 장

▲ 양압배연전술(PPV)은 훌륭한 도구이며 올바르게 사용할 경우 매우 효과적일 수 있다. 하지만 시속 6 마일(약 10 ㎞/h) 이상의 풍속을 극복할 수는 없다.
(출처: Tyne & Wear Fire & Rescue Service. 2011.)
Positive Pressure Ventilation is a great tool and, used correctly, can be extremely effective. But it cannot overcome wind speeds of over 6MPH.
Tyne & Wear Fire & Rescue Service. 2011.

제9장

건물과 건축이 화재대응공학에 미치는 영향

Chapter 9
—
Effect of building and construction on fire dynamics

건축물의 구조와 재료 내부 환경에 따라 화재양상은 달라진다.

제9장
건물과 건축이 화재대응공학에 미치는 영향
Chapter 9: Effect of building and construction on fire dynamics

건물 구조가 화재대응공학(Fire Dynamics)에 미치는 영향은 사실 우리보다 더 뛰어난 사람들이 지금도 부지런히 연구하는 매우 복잡한 주제다. 이전과 마찬가지로 재난 현장에서 우리를 더 안전하게 지켜줄 수 있는 몇 가지 기본적인 개념을 함께 살펴보고자 한다.

앞서 언급한 연료 패키지의 형태(형상)와 위치, 공기 흐름의 가용성, 공기유동경로가 화재 성상과 연소 속도에 어떤 영향을 미칠 수 있는지 살펴봤다. 그러면 구획실의 크기와 구조는 화재대응공학(Fire Dynamics)에 어떤 영향을 미칠까?

🔥 대규모 구획실 Large Compartments

간단히 말해, 큰 방에는 열분해 될 집기류 등 화재하중(Fireload)이 더 많고 복사열이 더 넓은 면적에 걸쳐 발생한다. 게다가 화재 가스가 팽창할 수 있는 부피가 더 크기 때문에 산소와 가용 연료가 충분한 같은 조건의 작은 방이 큰 방보다 플래시오버에 더 빨리 도달한다는 사실을 우리 모두 알고 있다고 생각한다.

하지만 실제로 화재가 발생한다면 상대적으로 비어 있는 큰 구획실과 높은 천장이 있는 대형 공간에서는 연소를 지원할 수 있는 실내 공기가 더 많다. 따라서 화재가 환기조건에 의해 통제되는 환기지배형(Ventilation-Controlled) 단계에 도달할 때까지 더 오랜 시간이 걸릴 수 있다.

예를 들어 연회장(Ballrooms)이나 집회장(Assembly Halls), 강당(Auditoriums)에서는 연료와 공기의 혼합 비율이 낮을 수 있다. 이에 따라 화재 가스가 가연성 범위를 벗어나 특정 구역에서는 '연소하기에 너무 희박한(Too Lean To Burn)' 상태가 되는 반면, 다른 구역에서는 가연성 범위 내에 남아있을 수 있다.

창고나 물류 센터(Storage Centres) 등에서 화재 초기에는 환기가 통제되는 (Ventilation-Controlled) 상황이 거의 발생하지 않을 수 있다. 하지만 엄청난 열 방출량과 급속한 화재 확산에 기여할 수 있는 가연물 연료가 여전히 풍부하게 존재할 수 있다.

- 공간이 넓은 큰 구획실은 화재로 인해 과압되려면 더 많은 양의 화재 가스가 채워져야 한다.
- 가스가 압력을 받아 틈새로 밀려나는 것과 같은 외부 징후가 나타나지 않을 수 있다.
- 또한 가스는 구획실의 다른 영역에서 연소 범위가 다른 농도로 존재할 것이다.

▲ 대규모화재에는 그에 맞는 전술이 필요하다

뜨거운 화재 가스는 천장 아래 특정 높이에 도달하면 냉각되면서 부피와 부력을 잃고 다시 바닥으로 가라앉기 시작할 수 있다. 따라서 열이 천장을 가로질러 수평으로 대류를 통해 전달되거나 구획실 안으로 다시 복사열을 전달할 기회가 줄어든다. 게다가 가라앉은 화재 가스는 실제로 이동해야 할 거리가 훨씬 더 많아지게 된다.

이러한 요인으로 인해 공간이 넓은 구획실에서는 화재 성장 속도가 느려질 수 있다. 소방대원은 일반 가정집 화재와 달리 큰 공간임을 인지하고 외부 현장 상황판단 후 화재 발생 단계가 화점 부근의 양상과 다른 곳에서부터 진입해야 할 수도 있다. 소방대원들은 가능한 가연물 연료를 모두 사용해 쇠퇴기에 진입한 일반 주택 화재보다 잠재적으로 더 위험할 수 있는 화재 발달 단계인 '플래시오버 전(Pre-Flashover)' 단계에서 진입할 수도 있다.

대형 건물에서는 난방·환기 시스템, 덕트·파이프 배관 등을 통해 숨겨진 화재 확산이나 화재가스의 이동 기회를 제공할 가능성이 더 높다.

창고·물류 저장 시설(Warehouses and Storage Facilities)에는 이미 존재하는 다량의 공기, 즉 산소와 결합해 매우 높은 온도, 열방출률(Heat Release Rates), 화재 발달 속도가 빠르게 발생할 가능성이 있는 잠재적 가연물들이 대량으로 포함됐을 수 있다. 창고 시설을 고려할 때, 외장재 패널이 탈락하거나 파괴되면 거대한 입구가 생겨 즉시 공기가 유입되고 외부에서는 바람이 불 수 있으며 재앙을 초래할 수 있는 모든 요소가 존재한다.

앞서 언급한 외장재 등 외부의 문제가 없으면 랙크식 진열장이 있는 슈퍼마켓과 창고들은 '구획화(Compartmentalising)' 효과를 유발해 마치 하나의 벽처럼 작동하고 복사열이 점점 화재 성장에 기여할 수 있다. 더 큰 구획실 내의 작은 영역들에서 '국부적 플래시 오버(localized flashover)'가 발생할 수 있다는 것에 의문에 여지가 없다.

또 랙크식으로 선반을 쌓아 올려 만든 인위적인 복도/통로(Artificial Corridors/Aisles)는 마치 복도구조가 되어 파이프와 같은 효과가 생김으로 인해 저항이 감소하여 공기가 이동할 수 있는 길이 되고 화재불꽃과 가스가 배출구/배기구(Outlet/Exhaust)로 이동하는 유동 경로가 될 수 있다.

▲ 최근 대규모 창고들은 랙크식선반으로 대부분 구성되어 있다.

더 큰 구획실로 구성된 구조물은 화재로 인해 탄화하거나 붕괴할 가능성이 더 크다. 심지어 설계 자체가 잘못됐을 수도 있다. 예를 들어, 열에 노출된 철골 빔(Steel Beams)과 기둥은 693 ℃에서 평상시 강도의 3분의 2에 해당하는 부분을 잃기 때문에 구조물 붕괴는 실질적인 위험이 된다. 쇼핑센터/쇼핑몰, 스포츠 경기장, 콘서트홀과 같은 다중이용시설에는 '소방 성능설계 위주의 건물(Fire Engineered Building Design)'의 일부로 환기 지점이 고정된 중앙홀의 아트리움(Atriums) 공간 등이 있을 수 있다.

이는 화재 공학에 적용되면서 변화할 수 있다. 이러한 유형의 화재 안전 설계 핵심은 연기/화재 가스를 방출해 건물에 있는 다수 이용객이 계산된 시간 동안 잠재적으로 위험한 상황에서 탈출할 수 있도록 하는 것임을 기억해야 한다.

소방대원들은 이러한 초동조치 등 대피 시간이 지난 후 적어도 부분적으로 환기가 되고 공기유동경로가 만들어졌을 가능성이 있는 화재에 도착해 대응하고 진입하게 될 가능성이 크다. 여러 개의 입·출구가 있다면 난류 가스 흐름(Turbulent Gas Flows)이 발생할 수 있다. 이는 화재 발달 속도와 화재강도를 증가시켜 또 다른 위험을 초래할 수 있다.

소방대원들에게, 이것은 무엇을 의미하는가?

대형 창고 내부에서 공격적으로 현장활동을 하는 경우 구획실과 구역마다 화재 성상이 다를 수 있고 대형으로 구획화된 구역마다 화재 발달 단계가 다르다는 점에 주의해야 한다. 우리는 이를 'travelling fires, 즉 이동하는 화재'라고 부를 수 있다. 출입문에 대한 통제력은 떨어질 수 있지만 통로와 랙크식 선반들에 의해 생성된 유동경로/통로를 따라 바람에 의한 화재와 그에 따른 토치 효과에 의한 이동 동선·잠재적 위험에 대한 영향은 여전히 고려해야 한다.

우리는 현장활동 중 여전히 잠재적으로 우리 뒤 혹은 주변에 기체의 형태로 축적되어 있는 가연성 가연물들이 조건만 맞으면 발화되어 우리의 탈출 경로를 언제든 차단할 수 있는 '3D' 환경('3D' Environment)에서 현장활동을 하고 있다. 또 활동이 진행됨에 따라 대규모 창고 내 특정 구역 공간들이 마치 작은 구획실처럼 발달하기 시작할 수 있다.

대규모 구획실 화재는 일반 주택이나 소규모 구획실 화재에 비해 통제할 수 없는 변수가 더욱 많기 때문에 소방대원들은 각별한 경계를 유지해야 한다. 또 이러한 고려 사항들과 화재 성상에 미치는 영향을 지속해서 검토해야 한다.

고려해야 할 요인 Factors to consider

- 화재 발생이나 잠재력에 영향을 미치는 내용물, 연료 패키지
- 블로우토치 효과가 발생할 가능성이 있는 랙/통로에 의한 인위적인 공기유동경로 생성

- 국지적 플래시오버(Localised Flashover)나 급격한 발달 가능성이 있는 구획화 효과
- 구획실 전체에 걸쳐 다양한 농도와 가연성의 화재 가스 발생
- 대형 구획 공간 전체에 걸쳐 다양한 단계의 화재 발생
- 건물/구획의 부피로 인해 공기의 가용성이 더 커지므로 환기가 제어되지 않아 화재 발달 단계가 일반적으로 발생하는 것과 다를 수 있다.
- 고정된 설비(난방 환기 덕트 등)는 보이지 않는 화재 확산을 유도하고 화재 가스는 화재가 발생한 구획실의 다른 영역으로 이동할 수 있다.
- 화재 안전 설계(Fire Safety Designs)는 화재에 '끌어당기는(Drawing)' 효과를 줄 수 있는 음압 영역뿐만 아니라 여러 개의 공기유동경로를 생성해 화재 대피나 대응 활동에 기여할 수 있다. 대표적인 예로 가압 밀폐형 계단 통로에 통풍구가 있는 경우를 들 수 있다(우리나라의 제연설비 개념). 계단실의 각 단에 압력을 가하는 시스템에 의해 유입된 신선한 공기의 수직 상승 기류와 같은 공기유동경로는 각 수평층을 통과할 때 음압 영역이 생성되는 '연도(Flue), 즉 연기의 이동경로'를 만든다. PVT 법칙처럼 부력이 있고 가압된 화재 가스는 낮은 압력 영역으로 이동해 계단통 쪽으로 빨려 들어가게 된다. 이 지점이 바로 소방대원들의 현장활동을 위한 '교두보(Bridgehead)' 또는 '전진 지휘소(Forward Command Post)'가 될 수 있다.

문화재 화재 특징 Heritage Properties

20세기 이전 건물과 일부 20세기 건물은 화재 성상에 영향을 미칠 수 있다. 오래된 도서관, 박물관, 성, 고풍스러운 주택과 같은 문화유산들의 건축자재를 살펴보면, 그 보존을 위해 구성품들은 더 건조하고 습도가 낮을 수 있다. 가연물 연료에 수분이 적으면 수증기와 이산화탄소가 적게 방출된다. 그리고 수증기와 이산화탄소는

에너지를 흡수하여 화재발달 과정을 늦추는 패시브에이전트 역할을 한다. 예상할 수 있듯이, 이는 효과적인 연소에 기여하는 연료 조건으로 인해 화재가 더 빨리 발생할 수 있다.

그러나 그 반대의 경우도 마찬가지다. 일부 문화재 건물은 습기가 많을 수 있으므로 수성 열분해 생성물이 더 많이 발생해 화재 발달 과정을 늦출 수 있다.

과거 보세 창고(Bonded Warehouses), 양조장(Distilleries), 제조 공장(Manufacturing Plants)과 같은 건물은 특히 위험하다. 알코올, 용제, 화학 물질 등은 수년에 걸쳐 벽, 바닥과 같은 마감재에 함침되거나 흡수됐을 수 있다. 이는 화재 상황에서 기체 연료로 형성되며 수많은 화학물질로 방출된다. 그리고 화재 발달 속도에 심각한 영향을 미칠 수 있다.

▲ 유럽의 문화재 화재진압 사진. 2015년 12월.
(출처 Courtesy of The Independent. December, 2015.)

문화재 등은 화재 성상에 여러 가지 잠재적 영향을 미치며 특히 전통 건축물은 붕괴 가능성이 크다. 여기서 창문들은 모두 잠재적인 급기구가 돼 화재의 환기 조건에 많은 영향을 미치고 난류 가스 흐름(Turbulent Gas Flows)의 가능성을 높이는 잠재적인 요소가 된다. 이 때문에 이러한 상황 하에서 내부 공격 진압/구획실 화재 진압은 매우 어렵고 위험하다.

공동 필자인 벤(Ben)의 과거 동료들은 이러한 화재의 경우 사다리차를 이용한 '고점하향 방수(Water Tower)' 전법으로 '방어적/외부 진압 방법(Defensive/Exterior Attack)'을 선택했다.

▲ 문화재 화재는 설계와 건축구조를 이해하지 못하는 경우 완전히 진압하기 어려운 부분이 있다.

🔥 상업용 시설 Commercial Premises

앞서 살펴본 바와 같이 화재 시 가정에서 연소되는 가연물 연료는 지난 20년 동안 급격하게 변화해 왔다. 이러한 변화는 상업용 건물에도 마찬가지로 적용된다. 모든 비즈니스는 기술에 더욱 의존하게 됐고 이러한 건물들에는 컴퓨터, 서버와 같은 전자 장비가 훨씬 더 많이 설치됐다. 스프링클러 외에도 고정식 소화 설비가 설치돼 있을 가능성이 크다.

사무실과 '서버실'에는 이산화탄소, 질소 또는 할론 소화설비 시스템이 설치돼 있어 화재발생 시 산소가 부족한 환경을 조성할 수 있다. 연소를 방지하기 위해 고정 설계된 구획실을 밀폐하고 이러한 소화 가스를 방출해 연소 과정을 억제할 수도 있다. 이 방식은 물론 효과적일 수 있다. 하지만 공기유동경로가 만들어지게 되면 일반적으로 가스계 소화설비는 누출부위 또는 공기유동경로와 관련 고정식 소화 설비의 효과를 무력화시키게 되고 유동 경로와 근접한 상태에서 화재가 성장할 수 있는 조건이 형성되면 이러한 소방대의 현장진입도 어려워질 때도 있다.

고정식 소방시설과 같은 소화 설비가 없다면 화재는 열 에너지를 빠르게 방출하고 화재실의 사용 가능한 산소를 소진하며 환기 부족 상황으로 전환되게 될 것이다. 혹여나 제연설비에 장애가 발생하게 된다면 기존 환기·난방 시스템의 경로를 통해 화재가 확산되거나 소방대가 현장에 출동하여 파괴 등 인위적으로 산소 공급(유로)을 생성하면서 화재가 급속하게 확산될 수 있다.

제9장: 복습 문제
Chapter 9: Revision Questions

- 공간이 넓은 구획실의 화재에는 어떤 것이 대량으로 공급되는가?

- 공간이 넓은 구획실의 가연성 한계에 대한 잠재적 영향은 무엇인가?

- 숨겨진 화재 확산을 유도할 수 있는 건물 설계 특징은 무엇인가?

- 문화재 화재 성상에 대한 두 가지 잠재적 영향을 자세히 설명하라.

- 20층 건물에서 신선한 공기가 계단층의 바닥부로 들어가고 계단층의 꼭대기에 있는 배기구를 통해 빠져나가는 수직 유동 경로일 경우, 8층 화재에 어떤 영향을 미칠 것인가?

- 대규모 구획실 화재 시 고려해야 할 세 가지 요소를 열거하시오.

이 장에서는 다음과 같은 학습 결과에 필요한 정보들을 다룬다.

학습 결과 Learning Outcome	설명 Description
1.3	완전 연소, 불완전 연소, 패시브 에이전트 (passive agents)에 대해 설명할 수 있다.

학습 결과 Learning Outcome	설명 Description
1.4	연소 범위와 온도, 압력 변화의 영향에 대해 설명할 수 있다.
1.5	고체, 액체, 기체, 먼지, 증기 단계로 이뤄진 연소의 화학 작용을 설명할 수 있다.
1.6	고체, 액체, 기체, 먼지, 증기 단계에서의 연소 화학 작용에 대해 설명할 수 있다.
1.7	연소삼각형의 변을 하나 이상 제거해 화학 반응을 방해할 수 있는 작용의 측면에서 소화 원리를 설명할 수 있다.
2	구획실 내에서 화재 발생이나 확산되는 방식에 대해 설명할 수 있다.
2.1	화재 단계, 연소 방식, 플래시오버, 역류, 화재 가스 점화(연기 가스 폭발) 측면에서 화재 성장을 설명할 수 있다.
2.2	구조적, 안감(내벽), 연료 패키지 위치 등 구획실 화재의 발생이나 확산에 영향을 미치는 요소를 설명할 수 있다.
2.3	환기구가 화재에 미치는 영향과 양방향·단방향 공기유동경로 형성에 대해 설명할 수 있다.

다음 동영상들 이 챕터를 이해하는 데 도움이 될 것이다. Youtube 채널에서 찾을 수 있다.

Ben Walker & Shan Raffel Firefighter Training
유튜브 채널, 교육 부교재 영상 수록집

※ 챕터별 참고 영상이 수록돼 있습니다.

Video and Hyperlinks

Lightweight Type Domestic Construction Fire

Lightweight Type Construction Fire Failures

Complete Combustion in European Type Construction

"Station" Nightclub, Warwick, Rhode Island, USA
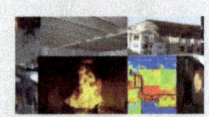

Chapter 10
―
Water Application

정확한 상황과 정확한 시기에 보다 정확한 주수는 화재양상에 결정적인 영향을 미친다.

제10장

주수

Chapter 10: Water Application

주수 적용은 구획실 화재 성상 훈련인 CFBT에서 가장 해석에 오류가 있고, 오해되고, 잘못 적용된 측면일 수 있다고 생각한다. 그래서 이 부분에 대해 논하고자 한다.

'펄싱(Pulsing)'이 전부는 아니다
It is not all about 'pulsing'

실제로 내가 존경하는 멘토 중 한 명인 영국 웨스트미들랜즈 소방국의 전 최고 책임자이자 IFE 국제 총회 의장(Principal Officer of the West Midlands Fire Service in the UK and International General Assembly Chair of the IFE)인 빌 고프(Bill Gough)는 더 나아가 유량과 수압이 낮은 부적절한 타이밍에 가연성 가스를 냉각하는 것이 오히려 안타까운 생명을 앗아가고 있음을 시사한다. 그리고 펄싱(pulsing) 기법, 즉 펄싱주수는 적절한 때에 실행돼야 하는 기술이라는 게 그의 요지다. 펄싱 그 기법 자체로 가연성 가스를 조절하고 현장대원이 화재를 진압할 수 있는 위치로 이동하는 도구란 의미이다.

우리 중 구조매니아 대원분들을 위해 빗대어 보면, 지붕 탈거(Roof Fold Down) 작업이 필요한 교통사고(RTC/MVA) 현장에서 대시보드 밀기(DashBoard Roll)작업을 수행하지는 않을 것이다.

좋다. 이 정도면 우리는 루비콘강을 건넜다고, 즉 주사위를 던졌다고 생각한다.

사실 화재로 인한 위험을 줄이려면 화세를 줄이고, 완전히 진압하고, 화염에 방수를 하는 게 가장 간단한 방법이다. 비유하자면 붉게 타오르는 것들을 적실 수 있는 물을 주수하는 것이다. 우리가 가능한 빨리 화재를 진압함으로써 화재로 인한 노출 시간을 줄이면 급속한 화재 발생, 구조물 붕괴, 기타 위험 등이 모두 감소한다.

불을 끄고 다른 위험은 줄여라!
Get the fire out, reduce the other risks.

"구조 목표를 달성하는 가장 좋은 방법은 구조대상자들로부터 위험을 제거하거나 화재를 진압하는 것이라는 것을 우리는 항상 기억해야 한다. 화재가 즉시 진압되거나 만일 진압되지 않더라도, 신속한 공격적 진압은 화재 확산을 늦추고 다른 동료 소방대원들이 위험에서 구조대상자들을 구조해 낼 수 있는 추가 시간을 벌 수 있다"

R 히라키 - 시애틀 WA 부서장 (R Hiraki - Assistant Chief Seattle WA)

우리는 화재진압에 대해 생각해 볼 필요가 있다. 그리고 우리는 늘 '화점(Fuel Bed)'을 가능한 빠른 시간에 찾아 진압하여 '화재 하중(Fuel Load)'에 대한 화재의 영향을 컨트롤해야 한다. 그리고 우리는 늘 가연물, 즉 연료에서 열분해로 방출되는 가스 연료가 만들어내는 3D환경을 고려해야한다. 그럼, 우리의 선택은 과연 무엇일까? 이것들은 세 번째 시리즈 'Fighting Fire'에서 깊이 다뤄져 있다.

방법은 다음과 같다

- 직접 냉각 주수 Direct Cooling
- 간접 냉각 주수 Indirect Cooling
- 가스 냉각 기법 Gas Cooling

한 가지씩 차례대로 살펴보도록 하자.

🔥 직접 냉각 주수 Direct Application

▲ 멀리 강하게 쏘는것만이 펜슬링(Pencilling) 주수기법은 아니라는 점을 명심해야 한다.

관창의 물을 불이 붙은 가연물의 표면, 즉 연료층, 화점에 직접(Directly onto/Into) 주수한다. 화점에 근접 접근이 가능하다면 이 방법이 가장 빠르게 화재를 진압할 수 있는 방법이다. 하지만 여전히 기체 연료인 농연, 즉 연기에 불이 붙어 있을 수 있으며 때로는 주수패턴에 따라 화재에 '공급(Feeds)'되는 공기까지 끌어들일 수 있기 때문에 본질적인 화재위험을 완전히 해결하지 못할 수도 있다. 또 이러한 직접적인 주수로 인해 상당한 양의 수증기가 생성될 수 있다. 이 수증기는 이미 화점층에 존재하거나 새로 생성된 공기유동경로를 따라 저압 영역(PVT)으로 이동할 수 있다. 이러한 상황에서 발생하는 수증기 화상(Steam Burns)은 절대 즐겁지 않다.

필자 중 한 명인 벤(Ben)의 경험을 예로 들어보겠다. 노스이스트잉글랜드(North East England)의 바쁜 대도시 부서에서 젊은 시보 소방관으로서 (피츠버그(Pittsburgh), 클리블랜드(Cleveland), 디트로이트로(Detroit)) 근무하던 벤은 지하실에서 발생한 화재 현장에 출동했다. 계단을 내려가면서 문을 개방하고 보니 우리가 알고 있는 양방향 공기유동경로, 즉 급기와 배기가 한 개의 개구부에서 이뤄지고 있었다.

'노련한(Old Hand)' 선배 소방관인 트레버(Trevor)는 북아일랜드 억양으로 나(Ben)에게 "몸을 낮추고 문에서 멀리 떨어져 불빛을 이용해 구조대상자가 있는지 빨리 살펴본 다음 내가 불을 끌게"라고 말했다.

트레버는 해당 지하층의 화재로 인해 발생하는 생성물들과 수증기가 (지하실 조명 등) 배출돼 나갈 수 있는 별다른 환기구가 없고 시야도 확보되지 않기 때문에 계단을 따라 즉, 배기구 유동경로를 따라 올라가리라는 것을 알고 있었다. 그 때문에 나에게 "뜨거우니 문에서 멀리 떨어져 있으라"고 말했다. 여기까진 모든 것이 계획대로 진행되고 있었다. 하지만…

2착대 대원들이 투입됐고 그들은 최고의 '카우보이' 스타일로 관창을 완전히 연 후 화점을 직접 냉각시키면서 빠른 속도로 계단을 내려왔다. 그 과정에서 트레버 선배와 내가 서로 밀려 좁은 계단 아래쪽에서 그들 일부와 함께 팔다리가 엉켜버리고 말았다.

2착대 대원들이 불을 껐으면 다소 우스꽝스러울 수도 있는 상황이었지만, 그들의 공격적인 진압으로 엄청난 양의 수증기가 발생했다. 그 수증기는 계단실에 얽힌 네 명의 소방관에 의해 꽉 막힌 통로를 따라 외부로 빠져나갈 수 없었다. 운 좋게도 이때 노멕스 소재의 방화복(Nomex Bunker Gear)을 착용하고 있었기 때문에 마치 지중해 태닝 휴가를 다녀온 영국인 관광객처럼 붉은색 랍스터 색상의 피부와 함께 무사히 빠져나올 수 있었다.

모직 소재의 상의(Woollen Tunics), 화학소재의 '하의(Plastic 'Wetlegs')', 마치 정원사 장갑과 같은 이전의 개인 보호 장비였다면 우리 모두 죽지는 않았더라도 심한 화상을 입을 수 있었을 것이다.

우리의 친구이자 소방관인 스웨덴의 스테판 스벤슨(Stefan Svenson) 교수는 "수증기는 문제가 되지 않는다("Steam is not a problem")"고 말하는데, 그의 말이 맞다. 고온의 수증기가 이동하는 경로를 알고 그것을 통제할 수 있으며 나(Ben)나 트레버(Trevor) 선배와 달리 소방대원들이 배기구 유동 경로에서 화재와 화재 가스 사이에 위치하지 않는다면 수증기 발생은 문제 되지 않을 것이다.

그러나 내부 구조대상자가 없다는 전제하에 소방대원이 창문 등 외부 위치에서 사다리나 굴절차(Turntable Ladder Cage/'Bucket') 등을 이용해 '외부'/방어적('External'/Defensive)인 방법으로 화점(Fuel Bed)을 향해 주수하는 방법은 적합하다고 할 수 있다.

소방대원이 내부에 있다면 급기구/배기구 공기유동경로(Inlet/Outlet Flowpaths), 3D 환경(3D Environment), 기체 가연물의 존재 여부, 직접 냉각(Direct Cooling)의 예상 결과에 주목하며 직접 냉각 주수기법이 해당 조건에 어떤 영향을 미칠지에 대한 전문적인 결정을 내려야 한다. 작은 구획실 내부에 수증기가 너무 많이 생성되면 '열 역전(Thermal Inversion)'이라 불리는 현상으로 인해 낮은 부분의 열이 오히려 증가할 수도 있다. 이에 대해서는 이 장의 뒷부분에서 다시 다루도록 하겠다.

너무 복잡하게 생각할 것 없이, 직접 냉각하는 방법은 여러 가지가 있다.

생각해 보자. 관창을 완전히 열고 화점(Fuel Bed)에 강력하게 주수하면 압력이 화재를 밀고 가스층을 교란시켜 연소 범위 내에 있는 연소 물질들을 기체 연료로 밀어올려 발화됨으로써 또 다른 문제를 일으킬 수 있다.

현재 다수 소방관의 견해와는 달리 이러한 상황에서 소방대원은 부드럽고 가벼운 터치와 같은 주수기법을 실행할 수 있다. 일반적인 직접 냉각 주수 방법은 '페인팅(Painting)' 기법으로 알려져 있다. 관창에서 나오는 물을 마치 '붓질(Brush Stroke)'하는 방식으로 부드럽게 주수해 연소 물질들을 방해하지 않고 냉각하는 방식이다.

▲ 펜슬링(Pencilling) 기법은 가연물을 충분히 적시며 수증기 발생을 최소화 하는데 그 주수 목적이 있다.

'펜슬링(Penciling)'은 연소 중인 가연물에 직접 위에서부터 짧은 물줄기를 뿌리듯이 소량의 물을 주수하는(Lobbed) 또 다른 기법이다. 다시 말하지만, 이 기법의 핵심은 연소 중인 가연물을 너무 많이 냉각하거나 교란하지 않는 데 있다.

간접 냉각 주수 Indirect Cooling

간접 냉각 주수 기법은 이름에서 알 수 있듯이 직접 냉각 주수가 불가능한 곳에서 이뤄진다.

간접 냉각 주수를 할 경우 물이 벽과 천장 등에서 연소 중인 가연물로 침투한다. 이렇게 되면 구획실 경계도 냉각돼 해당 표면에서 화재실로 열이 다시 방출되는 것을 늦추고 아직 화재에 완전히 관여하지 않은 가연물들의 열분해를 방지하거나 늦출 수 있다.

간접 냉각 주수기법은 화재실 내부로의 진입이 중요하지 않고 '화점(Fuel Bed)'을 명확히 발견하거나 찾기 어려울 때 유용한 기술이라고 할 수 있다. 특정 상황에 큰 효과를 발휘할 수도 있다. 엄청난 양의 수증기를 발생시킬 수 있다는 게 부정적인 영향이지만, 소방대원이 공기유동경로 상에 있지 않거나 구획실 내부에 구조대상자가 없는 한 이러한 기법을 적절하게 활용할 수 있다.

생성된 수증기는 공기유동경로를 따라 이동하고 구획실을 '밀폐(Sealing)'함으로써 또 다른 진압 기술로 작용해 구획실 내의 화재 가스를 불활성화할 수 있다. 그 후 내부 진압 공격전술로 후속 조치를 할 수 있다.

🔥 가스 냉각 기법 Gas Cooling

가스 냉각 기법은 널리 전파된 만큼 다소 오해해 의심의 눈초리로 바라보는 경우가 많다. 따라서 여기서는 최대한 단순화해 설명하고자 한다. 우리가 알고 있는 것부터 시작해 보자.

- 연기는 불완전 연소의 부산물이며 독성이나 수많은 발암성 입자, 연소되지 않은 기체 연료도 포함돼 있다.
- PVT – 온도를 낮추면 가스의 양을 줄일 수 있다.
- 열은 뜨거운 영역에서 덜 뜨거운 영역으로 전달되고 전도, 대류, 복사를 통해 주변에 열을 보낸다.
- 패시브 소재(passive materials)는 열 형태로 에너지를 흡수한다.
- 화재 가스는 공기 중의 농도에 따라 연소 범위 내에 존재한다.
- 열에너지를 통해 물은 기화되며 수증기를 생성한다.

위의 기본 사항을 나열했으니 가열된 화재 가스에 물을 적용하면 어떻게 되는지 살펴보도록 하자.

뜨거운 화재 가스로부터 차가운 물로 에너지가 전달된다. 이렇게 하면 화재가스의 온도(T)가 낮아지며 부피(V)가 줄어들고 점화할 기체 연료의 연소범위 또한 줄어들게 된다.

수증기는? What about steam though?

물을 기화시키는 데 에너지가 소비되었고 기화 과정을 거치며 원래의 화재 가스 부피가 줄어들었기 때문에 결과적으로 원래의 화재 가스 부피보다 수증기/화재 가스 혼합물과 부피가 더 줄어들었다. 더 간단히 말하면, 가스를 냉각할 때 6단위 증기를 생성할 수 있지만, 화재 가스의 부피가 10단위 줄었다면 가스의 순 감소량은 4단위이다. PVT 원리에 따라 기체 연료를 수축시켜 온도를 낮추고 부피를 줄인다.

하지만 우리는 너무 많은 수증기가 발생하지 않도록 주의해야 한다. 이런 일은 현장에서 꽤 쉽게 일어날 수 있다.

1. 모든 사람이 100 ℃의 물 대 수증기에서 1700:1의 팽창비를 예측한다.
2. 그러나 500 ℃에서는 5000:1까지 상승할 수 있다.
3. 5 ℓ의 액체 물은 25 m^3의 증기가 될 수 있다.

이 수증기는 공기유동경로를 따라 어딘가로 이동해야 한다. 그렇지 않으면 구획실 내 가스의 부력을 교란하며 화재 가스 위로 올라가 공간을 점유하고 화재 가스를 구조대상자나 소방대원이 있는 아래쪽으로 밀어내게 된다. 이는 곧 구획실 내의 온도층이 뒤집어지게 되는 것을 의미한다. 이를 '열 역전(Thermal Inversion)'이라고 하며 밀폐된 구획실에 물을 과도하게 뿌릴 경우 실제 이러한 위험이 더 크게 발생할 수 있다.

수증기가 너무 많이 발생하지 않게 하려면
How do we ensure that we don't create too much steam?

바로 여기에 소위 펄스(Pulsation) 또는 펄싱(Pulsing) 주수기법이 적용된다. 사실 이를 위해서는 '물방울 이론(Water Droplet Theory)'을 이해하고 있는 것이 좋지만 여기서는 그 이유를 설명하기 위해 간단히 야채로 설명하겠다.

양파를 한 방울의 물방울이라고 생각해 보자. 큰 양파는 작은 양파보다 더 많은 겹층을 가지고 있다. 큰 양파를, 즉 물방울을 가열된 화재 가스에 주수를 통해 투사하면 처음 몇 개의 층은 화재 가스의 열에너지를 흡수하고 화재 가스를 수축시키면서 수증기로 변한다. 그러나 양파의 여러 층이 통과하면서 과열된 표면에 닿으면 한두 층 정도는 냉각 효과가 있을지 모르겠지만 나머지 층들은 모두 수증기로 변하게 된다.

만약 우리가 겹층이 적고 크기가 작은 양파를 가지고 있다면, 그 층들은 모두 수증기로 바뀌어 화재 가스층으로 직접 들어오기도 전에 주변으로부터 열과 열에너지를 흡수해 화재 가스의 양이나 수증기 생산량을 줄일 수 있다.

제거 과정에서 가스층의 열에너지를 흡수하기에 충분한 겹층을 가진 적절한 크기의 양파가 필요하지만 과도한 겹층으로 화재 가스를 통과해 표면에 부딪히면서 다량의 수증기로 변할 정도로 많지는 않아야 한다.

이는 생성된 수증기가 이동하는 공기유동경로를 알고 화점(Fuel Bed)에 물을 안전하게 주수할 수 있는 상황을 전제로 한다. 종국적으로 화재를 진압하고 다른 위험을 줄이는 것을 잊지 마라!

따라서 화재 가스를 냉각할 때는 아주 적절한 크기의 물방울이 필요하다. 이 물방울은 과도한 크기와 양으로 주수되어 과열된 표면에 직접적으로 닿아 기화가 되지 않아야 한다. 따라서 최대한 화재 가스의 열을 흡수할 수 있도록 적절한 크기와 양으로 주수돼야 한다.

화재 가스를 냉각하면서 화재가스 부피는 줄어들고 소방대원이 화재를 완전히 진압할 수 있는 위치로 안전하게 전진할 수 있다. 가스 냉각기법은 바로 이를 위한 수단이다. 급속한 화재이상현상을 예방하고 화재 가스로 인해 출구가 차단돼 소방대원이 위험에 갇힐 가능성을 줄이면서 안전하게 화재를 진압할 수 있는 방법이다.

▲ 화염들이 대원의 머리위를 너머 불꽃이 발화되지 않게 하는 안전한 환경을 조성하는데 그 주수 목적이 있다.

 소방대원들에게, 이 모든 것이 무엇을 의미하는가?

간단히 말해, 자신과 팀원들의 안전을 지키고, 현장 위험을 줄이고, 구조할 수 있는 구조대상자의 생명을 구하고, 화재를 진압하기 위해 필요한 도구이다.

현장에서 올바른 방법으로 사용하고 화재와 화재 가스에 미치는 영향 관찰과 이해뿐 아니라 적절한 경우 화재에 대한 접근 방식을 조정해야 한다. 또 우리가 하려는 일의 결과를 예측하고 부정적인 결과를 피할 수 있는 지식을 갖추는 것이 중요하다. 이는 일련의 사고 과정과 질문으로 이어진다.

요컨대, 우리는 현장에서 무엇을 하고 있는가? 무엇을 해야 하는가? 그리고 그렇게 하면 어떤 일들이 일어날까?

우리는 안전하게 이 문제를 해결할 수 있는 위치로 나아가고 있는가? 그렇다면 어떤 방법을 사용하는 것이 가장 좋을까? 그렇지 않다면 충분히 신속하게 개입하지 않아 우리 자신과 다른 사람들을 위험에 빠뜨리고 있는 것은 아닌가?

3D 환경의 가연성 가스와 가연물 문제를 해결했는가? 물을 충분히 공급되고 있는가? 아니면 너무 적게 공급하고 있는가? 공기유동경로와 수증기 팽창을 제어하고 있는가?

🔥 유량 Flow rates

유량은 아마도 영국과 유럽 소방에서 가장 오해가 많은 개념이 아닐까 싶다. 북미 소방에서는 이 개념에 대한 인식이 더 광범위한 것 같지만, 이 책의 이전 챕터들에서 함께 살펴본 원칙을 반복하며 기본 사항을 다시 살펴보도록 하자.

영국 전직 소방관이자 공학박사인 폴 그림우드(Paul Grimwood)는 2000년 9월 FIRE 매거진 (2000's FIRE Magazine)에서 유량이 충분하지 않을 때의 위험성에 대해 저술했다.

전달하자면

'영국에서 전통적으로 가스 냉각 기법을 연습해 온 작은 구획실 컨테이너(플래시오버 공간)로 인해, 분당 110 ℓ (lpm) 미만 유량의 고압 호스릴은 너무 많은 수증기를 생성하지 않고 열역전 현상 등을 일으키지 않기 때문에 구획실 실내 화재 진압에 충분하다는 잘못된 전달로 오해가 있었다'

'Due to the small containers (flashover chambers) that we have traditionally practised gas cooling in the UK in, there has been a misinterpretation that a high pressure hose reel jet offering less than 110 litres per minute (lpm) is sufficient for compartment firefighting as it will not create too much steam, very difficult to cause thermal inversion and so on'

오해가 있었다는 이 표현은 옳은 생각이다.

또 이러한 교육 훈련 시설에서는 파티클보드 또는 가벼운 목재만 연료로 사용한다는 점도 고려돼야 한다. 에너지와 연소 잠재력이 가득한 '고에너지 물질(High Energy Materials)'로 가득 찬 교육 훈련 시설은 없다.

이전 챕터에서 열방출률을 기억한다면 특정 유량에서 물의 실제 냉각 능력을 비교할 수 있다.

2000년 9월 FIRE 매거진 그림우드의 표이다.

실질적인 물의 냉각 능력							
LPM	에너지 흡수	LPM	에너지 흡수	LPM	에너지 흡수	LPM	에너지 흡수
50	0.7 MW	150	2.1 MW	300	4.2 MW	800	11.2 MW
100	1.4 MW	200	2.8 MW	550	7.7 MW	1000	14 MW

이를 일반 가구의 열방출률과 비교해 보자.

항목 비율	열방출률	항목 비율	열방출률
소파(2인용)	3.0 MW	싱글 매트리스	1.0 MW
소파(3인용)	3.5 MW	소나무로 된 침대	4.5 MW
덮개가 있는 의자	2.0 MW	횡렬 3인 책상	7.0 MW
작은 쓰레기통	0.3 MW		

이 두 표를 결합해 유량 측면에서 무엇이 필요한지 살펴보자.

물건	열방출률	유량 LPM	물건	열방출률	유량 LPM
소파(2인용)	3.0 MW	300	싱글 매트리스	1.0 MW	100
소파(3인용)	3.5 MW	300	소나무로 된 침대	4.5 MW	550
덮개가 있는 의자	2.0 MW	150	횡렬 3인 책상	7.0 MW	550
작은 쓰레기통	0.3 MW	50			

그러나 알고 있듯이 화재는 이렇게 특정 품목 하나만 단독으로 발생하는 것이 아니다. 예를 들어 거실에는 적어도 의자와 소파가 하나 이상 있고 작은 테이블, 텔레비전(TV) 전자제품, 기타 가구류의 가연물이 있을 수 있다. 현실적으로 거실 화재의 열 방출량은 9 MW를 얼마든지 초과할 수 있다.

냉각효율 도표를 다시 보면, '고에너지(High Energy Materials)'의 화학소재 집기류가 많은 거실/라운지(Living Room/Lounge) 공간 1개의 관련 물품을 성공적으로 냉각하기 위해서는 분당 800 ℓ의 유량 요구사항을 확인할 수 있다.

플래시오버 훈련장, 즉 CFBT 컨테이너에서 생성된 지정된 연료량에 따른 최대 열방출률(HRR)은 통상적으로 1.5 MW이다. 그리고 이것들은 시연과 실습을 위한 훌륭한 도구이지만, 소방대원과 지휘관들은 사고 현장의 실제 상황에 이 같은 부분이 전적으로 부합하지는 않는다는 것을 명심할 필요가 있다.

영국에서 발생한 두 건의 순직(LODD) 사고에서 소방대원들은 높은 열방출률을 발생시키기에 충분한 화재하중을 가진 화재에 대처하려고 시도했다. 하지만 고압 호스릴은 최대 120 lpm유량에 불과했다. 이 낮은 유량으로는 화재를 진압하거나 가연물을 냉각할 수 없었다. 반복해서 말하지만 '화재를 진압하고 다른 위험 요소들을 줄인다(Extinguish The Fire and Reduce Other Risks)'는 것은 불가능했다.

우리는 유량이 가장 중요하다는 것을 설명하기 위해 15년 전의 기사를 사용했다. 필자가 언급한 두 건의 순직(LODD) 사건은 2004년과 2007년 영국에서 발생했다. 안타깝게도 그 당시 그리고 그 이후에도 유량에 대한 지식과 정보가 소방대원들에게 추가로 수집되거나 전달되지 않은 것으로 보인다. 이 책을 읽은 후 위에 대한 정보를 얻고 희생된 사람들을 기리며 현장에서 같은 실수를 반복하지 않기 위해 노력하는 것은 여러분들의 선택이다.

제10장: 복습 문제
Chapter 10: Revision Questions

- 물을 주수하는 세 가지 방법을 열거하시오.

- 무엇을 제어하면 과도한 증기 발생이 문제 되지 않는가?

- 화재 가스에 무분별하게 주수하면 어떤 일이 일어나는지 설명하라.

- 너무 작은 물방울을 사용하면 어떤 영향이 있는가?

- 부족한 유량 사용의 위험성 두 가지를 설명하라.

- 유량을 제어하지 않고 소방대원이 주수할 때 과도한 증기가 발생하면 어떤 현상이 일어날 수 있는가?

- 간접 냉각을 사용할 수 있는 두 가지 경우를 예로 들어보시오.

- 연습 문제 – 거실에 있는 물건들의 합산 HRR을 추정하시오.

이 장에서는 다음과 같은 학습 결과에 필요한 정보들을 다룬다

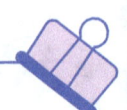

학습 결과 Learning Outcome	설명 Description
3	소방대원이 구획실 내에서 화재 발생에 대처하고 예방하기 위해 사용하는 전술, 도구, 기술을 이해하고 설명할 수 있다.
3.1	공격/내부 공격, 전환 공격법, 방어/외부 공격 전략을 설명할 수 있다.
3.2	내부 공격, 전환 공격법, 외부 공격에 적합한 노즐 테크닉을 설명할 수 있다.
3.3	다양한 노즐 테크닉과 시너지 효과를 낼 수 있는 배연 전술과 기술을 설명할 수 있다.
3.4	화재실 실내 진입 절차(Door Entry)/킬 존(KILL ZONE), 버퍼 존(BUFFER ZONE)과 안전 존(SAFE ONE)의 개념을 설명할 수 있다.
5.5	배연 전술/기법과 진압 전술/기법을 결합해 전반적인 안전성과 효율성을 높일 방법을 설명할 수 있다.

학습 결과 Learning Outcome	설명 Description
6	구획실 킬 존(KILL ZONE) 구역에 진입하기 전과 진입한 후의 소방 기술을 설명할 수 있다.
6.1	갇힌 구조대상자와 소방대원의 불리한 조건을 완화할 수 있는 구획실에 진입하는 방법을 적용해 설명할 수 있다.
6.2	내부 공격에 앞서 전환 공격법을 적용할 경우 얻을 수 있는 잠재적 이점을 분석하고 설명할 수 있다.
6.3	진입 전에 화재 근처에서 배기구를 활용하거나 만들 가능성을 분석해 설명 할 수 있다.
6.4	SAHF 지표를 평가해 내부 상태, 내부 환경의 냉각, 머리 위로의 느린 화염이동 위험, 바닥 수준의 위험 요소를 제거할 수 있는 기술을 사용한 후 킬 존에 진입해야 함을 설명할 수 있다.

학습 결과 Learning Outcome	설명 Description
6.5	화재/연기를 제한하고 가스·마감재를 냉각하는 기술을 사용해 킬 존을 통과하는 경로를 완충하는 절차를 설명할 수 있다.
6.6	선택한 진압 기술을 보완할 배연 기술을 적용해 설명할 수 있다.

다음 동영상들이 이 챕터를 이해하는 데 도움이 될 것이다. Youtube 채널에서 찾을 수 있다.

Ben Walker & Shan Raffel Firefighter Training
유튜브 채널, 교육 부교재 영상 수록집

※ 챕터별 참고 영상이 수록돼 있습니다.

Video and Hyperlinks

The Theory Behind "Gas-Cooling"

"Gas Cooling" effects before making a direct fire attack seen in

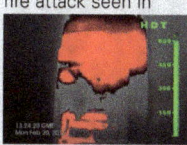

"Gas Cooling" versus "Cooling Gases"

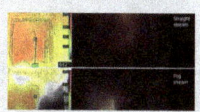

Effect of closing doors/ "anti-ventilation"

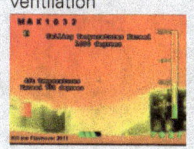

Nozzle and Door Entry Techniques

Gas Cooling in a live fire training burn

Gas Cooling followed by direct attack

제 10 장

209

화재대응공학
- '주목할 만한 사례들'

Chapter 11
-
Fire Dynamics – 'Notable Events'

사례학습을 통해 우리는 경험보다 많은 것을 배울 수 있다.

제11장
화재대응공학 - '주목할 만한 사례들'
Chapter 11: Fire Dynamics - 'Notable events'

본 챕터에서는 안타깝게도 근무 중 순직자가 발생한 영국소방 내에서 이슈가 된 사고의 화재 공학 성상에 대해 간단하게 살펴보고자 한다.

여기서 살펴보는 화재 공학 측면은 해당 사건과 관련된 모든 요인의 완전한 내용은 아니다. 그러나 이 책을 통해 지금까지 수집한 화재 공학에 대한 지식과 현상들의 발생 원인을 연관시키기 위해 판단이나 편견 없이 사건 보고서 등의 일부를 평가할 것이다. 물론 이러한 사건에서 발생한 화재 공학적 성상들에는 훨씬 더 많은 요인과 미묘한 차이가 있다. 따라서 앞으로 논할 내용들은 몇 가지 기본적인 요약과 함께 사건에 대한 안내로 생각해 주길 바란다. 이 글을 읽는 모든 독자가 이 사건들을 훨씬 더 깊이 연구하고 더 깊은 이해를 위해 필자와 같은 재고와 분석에 도전해 보시기를 권한다.

우리는 사후 판단, 분석, 손실 등이 있는 현장활동이나 운영 차원에서의 현장지휘 등 해당 상황에서 내린 결정을 비판하려고 하는 것이 아니다.

이 챕터는 아래 발생한 현장활동 업무수행으로 목숨을 잃은 순직소방관들을 위해 작성됐다.

- 1996년, 블레이나, 사우스 웨일즈(Blaina, South Wales, 1996)
- 2004년, 해로우 코트, 스티븐리지(Harrow Court, Stevenage, 2004)
- 2004년, 베스널 그린로드, 런던(Bethnal Green Road, London, 2004)
- 2009년, 셜리 타워스, 햄프셔(Shirley Towers, Hampshire, 2009)

영국소방엔지니어링협회(IFE)는 많은 사람이 기여한 소방관 안전 사고에 대해 광범위한 데이터베이스를 보유하고 있다. 그중 Avon 소방구조대(Avon Fire & Rescue Service)의 아담 코스(Adam Course)가 수년 동안 광범위하고 심도있게 작업해 온 데이터베이스를 보유하고 있다. 그 내용은 다음 링크에서 확인할 수 있다.

▲ IFE 홈페이지 가입 및 로그인 필요

화재 성상 사례 연구 1
1996년 사우스 웨일즈 블라이나의 제파니아 웨이
Fire behaviour case study 1: Zephania Way, Blaina, South Wales

소방관 그리핀과 소방관 레인을 추모하며…
In memory of FF Griffin and FF Lane…

이 사건은 1996년 사우스 웨일즈 블레이나 마을(South Wales village of Blaina in 1996.)에서 발생했다. 2층 계단식 주택의 1층에서 발생한 화재로 두 명의 어린이가 행방불명됐다는 신고를 받고 '예비소방대(Retained)'(의용소방대/유급대기직) 대원들이 출동했다. 현장에서 실제로 실종된 어린이는 한 명뿐이었으며 소방대원들이 처음 진입한 후 구조됐다.

주차된 차량이 소방 차량을 가로막고 있어 건물 내부 진입이 지연되는 바람에 선착대 대원들이 현장에 도착하기 전까지 화재는 한동안 계속 타오르고 있었다.

아래 그림은 건물의 단면도다:

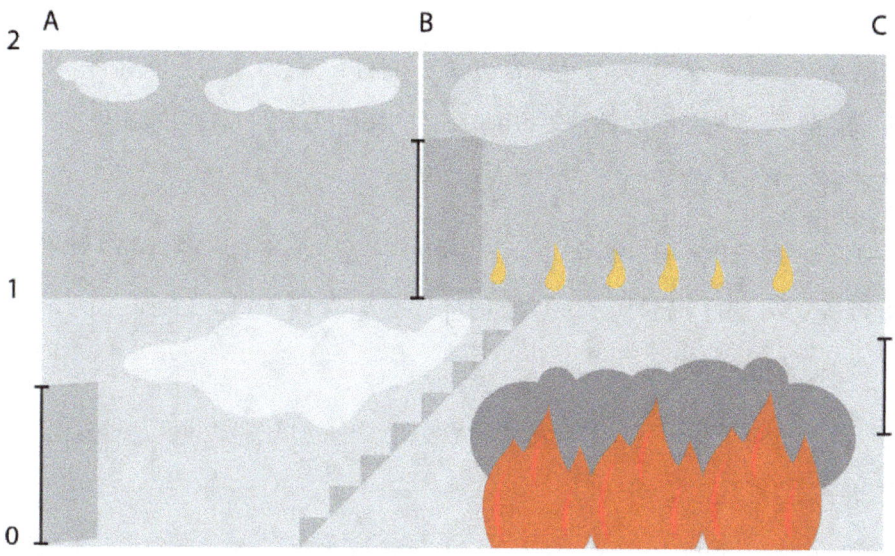

Key:
Floor 1, B-C: Heat from kitchen fire causes pyrolysis at floor level (above fire) - Flammable products releases and mixes with air.
Firefighters make first entry and perform a "snatch rescue" - in the process doors A0 and B1 are opened - this allows the pyrolysis products to spread into further compartments and dilute into flammable range.

- **키(Key):**

1층, B-C: 주방의 열로 인해 바닥 높이(불 위)에서도 열분해 현상이 발생한다. - 가연성 생성물들은 방출돼 공기와 혼합한다. 소방대원들이 먼저 진입해 A0와 B1 문이 열리는 과정에서 열분해 생성물이 더 많은 구획실 내로 확산했고 연소 범위로 희석돼 대원들은 구조대상자 1명을 급하게 밖으로 낚아채듯 구조실시했다.(Snatch Rescue)

화재는 건물 뒤쪽(그림의 오른쪽)에서 발생하고 있었고 부피와 온도가 증가함에 따라 가스 압력(PVT)도 증가했다.

이로 인해 발생할 수 있는 영향은 다음과 같다.

화재실에서 발생한 열기가 1층 천장과 2층 바닥 쪽으로 열이 가해졌다. 이로 인해 화재실 바닥 집기류와 카펫, 가구와 같은 낮은 위치의 내용물들이 열분해돼 가연성 가스 연료를 위층 방으로 방출했다. 이는 사용 가능한 공기와 혼합되면서 연소 범위로 희석되거나 농축됐다.

또 다른 분석 부분은 열악한 조건에서 압력을 받는 가스가 덕트 주변이나 배관 옆의 틈새를 통해 이동하면서 2층 구획실에서 연소 범위 내 가연성 가스가 서서히 축적될 수 있었다는 점이다.

이미 급격한 화재 이상현상 챕터에서 다뤘듯이, 이는 단지 점화원을 뺀 화재 가스 발화의 구성요소라고 할 수 있다.

소방대원들은 정문(사진 왼쪽)을 통해 다시 진입한 후 위층으로 올라가 실종 신고된 아이를 찾기 위한 추가 인명수색을 계속 실시했다. 이로 인해 높은 압력의 화재 가스가 낮은 압력의 외부로 빠져나갈 수 있는 통로가 만들어졌다.

연소 범위 내의 화재 가스가 형성된 상황에서 위층 방으로 대원들이 진입하는 동안 점화원이 제공됐다. 화재가 바닥을 뚫고 들어가 화염을 점화원으로 직접 제공했거나 화재실 창문이 그 위의 위층 창문과 함께 파괴되고 나서 화염이 위층으로 유입돼 점화원으로 작용했을 수 있다는 주장이 제기됐다.

점화는 저항이 가장 적은 경로로 생성된 공기유동경로를 따라 이동하는 초음속 압력파인 폭굉(Detonation)을 동반해 소방대원에게 치명적인 폭발 부상을 입혔다.

이어진 음압화로 인해 진입구 문이 '흡입(Suck)'되듯이 닫히며 19㎜ 고압 호스릴 소방호스가 압착되면서 이후 진행되는 구조 대원들의 동료 구조 시도를 방해했다.

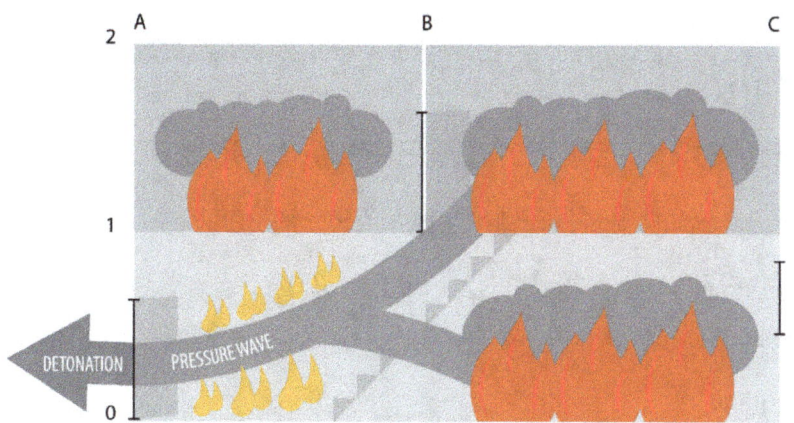

Firefighters make second entry at which point fire breaks through (ducting or window/floor failure) igniting accumulated flammable gases in room above kitchen - as these products have spread throughout the property all gases ignite. As per P.V.T principle higher pressure moves to lower pressure. As this was accompanied with a supersonic pressure wave it was classed as "detonation". The subsequent negative reaction pressure wave closed door A0 crimping hose line.

소방대원들은 1층 주방 바로 위 2층 방에 누적된 가연성 가스를 점화시키는 지점인 (덕트 또는 창문/바닥 고장) 구획실 2차 진입을 실시했다. 모든 가연성 가스가 이미 점화될 수 있는 많은 공간으로 확산했다. P.V.T 원리에 따라 압력은 높은 곳에서 낮은 곳으로 이동한다. 이 현상은 초음속 압력파를 동반했기 때문에 조사서에서 결과적으로 '폭굉(detonation)'으로 분류됐다. 후속 압력파로 인해 A0 위치의 문이 닫혔으며, 그 압력파는 호스라인이 틈새로 강하게 움켜 눌려있을 정도였다.

소방관들에게, 사전 지식을 수정하기 위해 무엇을 고려해야 할까?

연기는 타지 않은 기체 형태의 연료, 즉 가연물이라는 것을 알고 있다.

화재실에서 멀리 떨어져 있는 방이나 구획실에서 발생하는 연기는 잠재적인 화재 가스 발화 가능성의 상태를 나타내는 대표적인 지표이다. 소방대원은 경계를 늦추지 말고 이를 인지한 후 이러한 상황에 대처하기 위해 해당 현장에서 철수하거나 필요한 조치를 할 준비를 해야 한다.

기억하자:

화재를 우선으로 진압한다면 다른 모든 위험을 크게 줄일 수 있다.

화재 가스는 압력이 높은 곳에서 낮은 지역으로 이동한다(PVT).

문을 여닫을 때 발생하는 영향을 고려한 후 공기유동경로를 만들고 이로 인해 화재 가스가 어떻게 이동하고 화재가 어떻게 연소확대되는지 이해해야 한다(PVT).

냉각된 가스는 온도와 부피를 감소시키며(PVT), 수증기가 발생하면서 이러한 가스가 발화할 가능성을 줄여준다.

블레이나 사고(Blaina)는 영국에서 화재 가스 폭발/화재 가스 발화(fire gas explosion/fire gas ignition)로 분류된 최초의 사건 중 하나였다. 이 참사는 소방대원들이 우리가 활동하는 환경의 '3D' 특성과 화재 공학의 성상에 따른 위험을 이해해야 할 절대적인 필요성을 증폭시켰다. 소방지휘관, 대원 전체가 이상 징후와 현상을 숙지해 순직 동료들의 희생을 기리도록 하자.

다음 동영상들은 이 챕터를 이해하는 데 도움이 될 것이다. Youtube 채널에서 찾을 수 있다.

Ben Walker & Shan Raffel Firefighter Training
유튜브 채널, 교육 부교재 영상 수록집

※ 챕터별 참고 영상이 수록돼 있습니다.

Video and Hyperlinks

Sky News- 1st February 1996

IFE Interest of Special Interest

화재 성상 사례 연구 2
2004년 스티븐 리지의 해로우 코트
Fire behaviour case study 2: Harrow Court, Stevenage, 2004

소방관 워넘과 소방관 밀러를 추모하며 …
In memory of FF Wornham and FF Miller…

 해로우 코트(Harrow Court)는 여러 개의 아파트가 있는 전형적인 영국 주거용 고층 건물이었다. 문제의 그날, 이 건물 14층에서 화재가 발생했다는 신고를 받고 소방대원들이 출동했다.

 도착하자마자 대원들은 위층 창문에서 연기가 새어 나온다고 추가 무전을 했다. 화점층에 도착한 선착대 지휘관(중위)은 문 상단의 틈새에서 옅은 회색 연기가 뿜어져 나오고 있다고 보고했다.

소방대원들에게, 우리가 배운 내용들을 복습하며

현장에서 이런 형태로 연기가 빠져나가는 것을 보게 된다면, 바람이 부는 쪽에 창문이 있고 바람이 방 안으로 들어와 내부의 가스를 더욱 가압해 난류 가스 흐름을 만들어 그에 따라 화재 발생 속도는 증가하게 될 것이다. 현재로서는 이중 유동 경로(안팎 모두 또는 '양방향 공기유동경로')만 있을 수 있음을 시사하는 '벌어진(Splayed)' 패턴 또는 '맥동/트림(Pulsing/Belching)' 현상을 찾아볼 수 있다.

따라서 지금까지 살펴본 바와 같이, 특히 내부에 사람이 있는 경우 튜브 관로, 즉 호스 관로와 같은 '단방향(Unidirectional)' 유로를 만들지 않도록 매우 주의해야 한다.

지휘관이 문 상단의 틈새에서 관찰한 연기는 내부가 압력이 가해지는 상황이었음을 시사한다. 이는 바람으로 인한 화재(Wind Driven Fire)뿐만 아니라 잠재적인 백드래프트(Potential Backdraft)를 나타내는 지표가 될 수 있다.

영국 내 관련 법규에 따라 18 m 이상 60 m 미만의 건물에는 '건식 스탠드파이프(Dry Standpipe)'를 설치해야 한다. 이는 직하층에 있는 연결송수관(Outlet)에서 충수와 압력이 가해져야 한다. 비상시 '진압을 위한 호스 라인(Attack Line)'을 넘어 후착대를 위한 '경계관창 호스라인(Covering Hoseline)'을 추가로 전진시킬 수 있다. 또는 유사시 '퇴각(Covered Retreat)'을 유도해야 할 경우를 대비해 두 개의 송수구를 완전히 연결해 두는 것이 좋다. 이에 대한 자세한 내용은 시리즈의 3권 'Fighting Fire'에서 추가로 다루고 있다.

적절한 장비와 호스라인을 충수하고 정위치에 배치하는 시간이 지연됨에 따라 소방대원은 필수 장비 없이 구조대상자인 거주자를 신속히 직접 구조하기 위해 (Snatch Rescue, 수기 끌기법을 이야기 함) 구조하기 위해 내부로 진입했다.

당시 건물 북서풍 바람이 아파트 안으로 불어 들어오고 있었다. 50 m(14층) 높이에서 당시 풍속은 약 23 mph(약 10 ㎧)를 기록했다.

소방대원들이 진입할 때 공기유동경로가 만들어졌었거나 건물 북동쪽 창문 고장으로 단방향 공기유동경로(Uni-Directional FlowPath)가 만들어지면서 가압·난류 가스 흐름으로 인해 화재 발달을 매우 빠르게 촉진한 것으로 추정됐다.

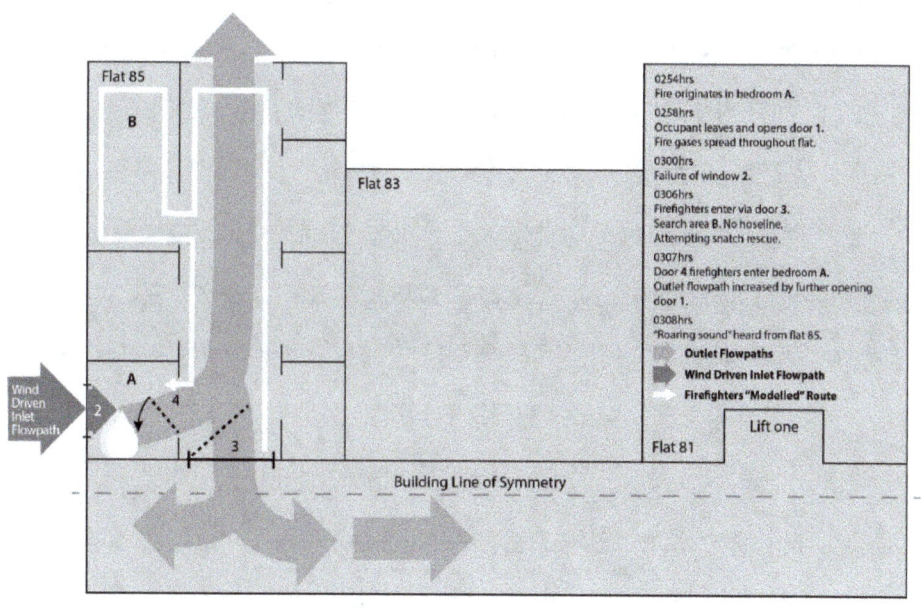

▲ 출처: 폴 그림우드, FBU 보고서 (Grimwood, FBU Report)

이 화재는 차후 화재 모델링(Fire Modelling) 프로그램 분석을 통해 플래시오버 전에 8.5~10 MW의 열방출률(HRR)을 내뿜은 것으로 추정됐다.

소방대원들에게, 사전 지식을 수정하기 위해 무엇을 고려해야 할까?

고층 건물에 출동할 때는 기상 조건과 풍향을 파악해야 한다.

이 경우 바람이 서북서 방향(WSW, 북서쪽에서 불어오는 바람)으로 움직이고 있었다. 이런 상황에서는 유일한 접근 방법일 수 있는 하강풍에서 접근하면 단방향 공기유동경로 또는 화재 '치명적인 깔때기 경로(fatal funnel)'를 만들 가능성이 있다는 점을 인지해야 한다. 사실상 '킬 존(KILL ZONE)'에 있는 것이다.

바람의 압력은 난류성 공기유동경로를 유발해 화재를 더 빨리 성장시키고, 더 빨리 확산할 수 있음을 알고 있어야 한다. 이러한 화재강도와 열방출률은 해당 화재의 가연물을 적절하게 진압하고 화재를 통제할 수 있도록 이에 필요한 일정한 유량(Flow Rate)이 요구된다.

바람으로 인한 이러한 압력은 상승풍 쪽의 창문에서 맥동, 트림(pulsation or belching)과 같은 빠른 화재 발생의 징후와 현상으로 나타날 수 있다. 창문에서 하강풍 쪽의 압력을 받아 틈새로 밀려나는 화재 가스가 창문 아래 방향으로 나오는 형태로도 나타날 수 있다.

따라서 우리는 이러한 상황을 인지하고 대비해야 한다. 공기유동경로 관리에 대한 지식, 호스라인의 충분한 유량, 충수ㆍ출동 준비, 현장 활동에 완비된 자세를 갖추고 유사 환경에서의 현장활동은 늘 조심스럽게 진행해야 한다.

다음 동영상들은 이 챕터를 이해하는 데 도움이 될 것이다. Youtube 채널에서 찾을 수 있다.

Ben Walker & Shan Raffel Firefighter Training
유튜브 채널, 교육 부교재 영상 수록집

※ 챕터별 참고 영상이 수록돼 있습니다.

Video and Hyperlinks

Mark Fishlock Presentation on Harrow Court

IFE Incident of Special Interest

화재 성상 사례 연구 3
2004년 베스널 그린로드
Fire behaviour case study 3: Bethnal Green Road, London, 2004

소방관 파우스트와 소방관 미어를 추모하며…
In memory of FF Faust and FF Meere…

베스널 그린 로드에 있는 한 직물/의류 가게(textiles/clothing shop)에서 연기가 발생했다는 신고가 접수됐다. 건물의 단면은 다음 그림에 나와 있다.

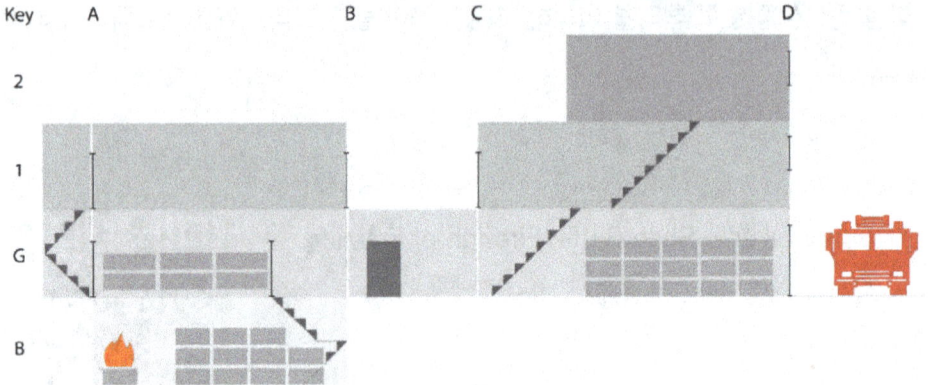

소방대원들의 도착 지점은 그림에서 소방차가 배치된 건물 앞이었다.

화재는 그림 왼쪽 하단 건물 뒤쪽의 지하에서 시작됐다. 지하실은 옷감, 옷감, 재료, 상자(Fabrics, Clothing, Material and Boxes)들로 매우 혼잡했다. 이 물건들은 우유 상자 위에 쌓여 있었고 바닥과 이 집기류 사이에 약 45 ㎝의 간격이 생겼다.

이 간격으로 인한 '대류 공기유동(Convection Cycle)' 때문에 차가운 공기가 아무런 방해를 받지 않고 화재가 발생한 지점으로 지속해서 공급될 수 있었다.

대원들은 1층에서 접근할 수 없었기 때문에 처음 그림의 D1 1층 창문을 통해 건물로 진입했다. 그곳에서 열기가 1층으로 상승하고 있는 것이 분명해졌다. 여기서 창을 강제로 파괴하자 급기가 시작됐고 양방향 공기유동경로(Bi-Directional FlowPath)가 생성됐다.

이후 대원들은 롤러식 보안 셔터(DG)를 제거한 뒤 1층을 통해 진입할 수 있었다. 이로 인해 다시는 폐쇄할 수 없는 또 다른 공기유동경로가 만들어졌다. 또 그림의 1층 B와 C 지점 사이 골목통로로도 진입할 수 있었다.

소방대원들에게, 어떤 점을 유의해야 하는가?

상당한 양의 가연성 물질이 있지만 화재가 지하실에서 발생했기 때문에 연소를 지속할 만한 산소가 부족해 환기가 통제되는 상황이 발생할 수 있다. 그러나 우유 상자 틈새가 화재로 향하는 공기 유입 경로를 보장하기 때문에 이 경로를 따라 공기가 유입되면 이후 화재가 빠르게 발전할 가능성도 있다.

대원들은 1층에 두 차례 강제 개방 진입했으며, 현재 건물 전면과 후면 상부 구조물 사이의 문도 개방했다.

뒤쪽(맨 왼쪽)을 보면 지상에서 1층으로 올라가는 계단도 있었다. 대원들이 '배연팀(venting crew)'이라고 표시된 위치에서 문을 열면 화재에 공급할 공기가 유입되고 부력, 가열, 가압된 화재 가스가 압력이 낮은 지역으로 빠져나갈 수 있도록 5개의 입구와 출구가 있는 상황이 생기게 된다.

이후 건물 내에서 여러 가스 흐름이 충돌하면 난류가 발생해 화재가 더 빨리 발생하고 연소와 화염 속도가 증가한다. 또 충분한 압력이 동반돼 폭발하면 음속보다 빠르게 이동할 수 있다는 사실도 알고 있어야 한다.

이 화재의 경우 화재 확산은 대원들이 만든 개구부와 활동 동선의 영향을 받았다. 또 지하실의 화재로 인한 열로 그 위에 있는 1층의 가연물이 열분해됐고, 그 안에 있던 가스가 연소 범위 내에 도달하면서 발화했다. 난류 가스 흐름, 급격한 온도 변화, 가압된 기체 연료가 모두 이 화재의 급격한 연소 확대에 기여했다. 안타깝게도 소방대원들의 위치는 배출구 유동 경로상 '킬 존(Kill Zone)'에 위치했다는 것을 의미했다.

소방대원들에게, 베스널 그린 사례에서 배울 수 있는 것은 무엇일까?

유량(Flow Rates)과 소방용수 공급과 함께 공기유동경로, 가스 흐름을 이해하고, 제어하며 발생이 임박한 급격한 화재 발달 증상과 징후 인식이 중요하다는 점을 늘 기억해야만 한다.

안타깝게도 베스널 그린 화재는 여러 가지 이유로 우리에게 잠시 생각할 시간을 준다.

유량과 소방 용수 공급이 가장 중요한 이유는 화재를 진압할 수 있는 위치에 도달했을 때 충분한 물이 즉시 필요하기 때문이다. 유량과 그에 따라 처리할 수 있는 화재 하중을 파악해 화재진압 준비가 덜 된 상태에서 진입하지 않도록 해야 한다. 탱크 전투전에 칼을 들고 가는 우를 범하지 말자!

공기유동경로를 생성하는 것은 때론 우리에게 유리하게 작용할 수도 있지만 반대로 불리하게 작용할 수도 있다. 기체 흐름이 섞이고 충돌하며 발생하는 난기류로 인해 여러 개의 공기유동경로를 컨트롤하기란 쉽지 않고 우리에게 유리하지 않을 가능성이 크기 때문이다.

열분해는 열에 의해 물질이 화학적으로 분해되는 것을 말한다. 소방대원들이 지하층에서 열분해를 목격한 순간('하얀 연기도 가연물'), 그들은 극심한 열연기에 직면하고 있다는 것을 인식했어야 했다. 만일 PVT를 기억한다면, 그 정도의 온도는 대량의 화재 가스, 즉 기체 연료를 생성하고 아마도 많은 압력을 발생시킬 것이다. 이 두 가지가 공존한다는 것은 급격한 화재 발달이 임박했음을 나타내는 지표이다.

다음 동영상들은 이 챕터를 이해하는 데 도움이 될 것이다. Youtube 채널에서 찾을 수 있다.

Ben Walker & Shan Raffel Firefighter Training
유튜브 채널, 교육 부교재 영상 수록집

※ 챕터별 참고 영상이 수록돼 있습니다.

Video and Hyperlinks

East London Advertiser- Memorial laid to Firefighters killed in line of duty

British Broadcasting Corporation- on firemens deaths

화재 성상 사례 연구 4
2009년 햄프셔의 셜리타워
Fire behaviour case study 4: Shirley Towers, Portsmouth

소방관 시어스와 소방관 배넌을 추모하며…
In memory of FF Shears and FF Bannon…

 다음의 두 그림과 같이 층고가 다른 마치 복층 스타일의 약 150개의 아파트가 있는 단지 내 건물 9층에서 발생한 고층 주거용 주택 화재에 대응하기 위해 대원들이 출동했다.

라운지에 놓인 양초 램프 위 부주의하게 걸린 커튼(drape)에서 최초 발화를 일으켰고, 거주자는 청량음료(soft-drink) 1병으로 진압을 시도했지만 초기에 불을 끌수 없었다. 그 후 거주자는 아파트에서 탈출했고 이어 소방서가 출동했다.

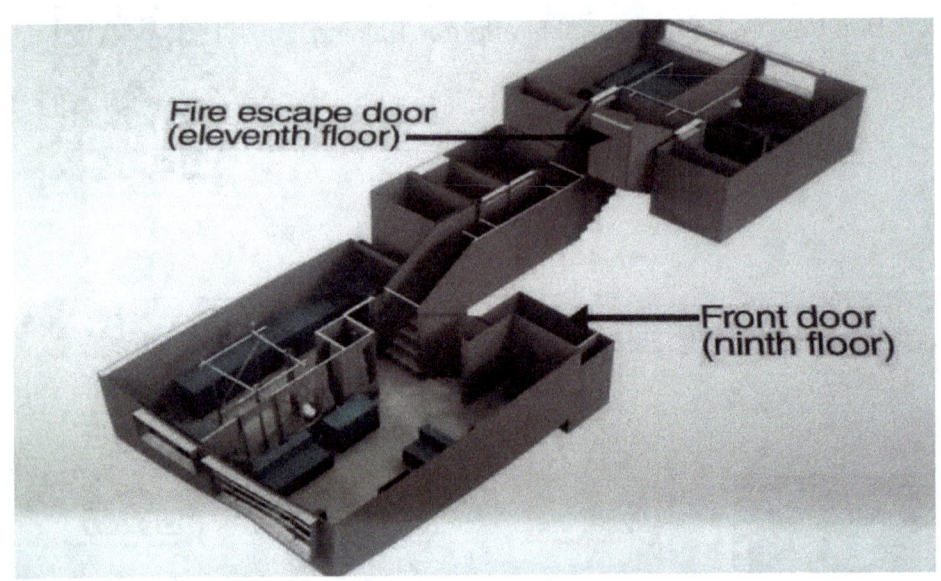

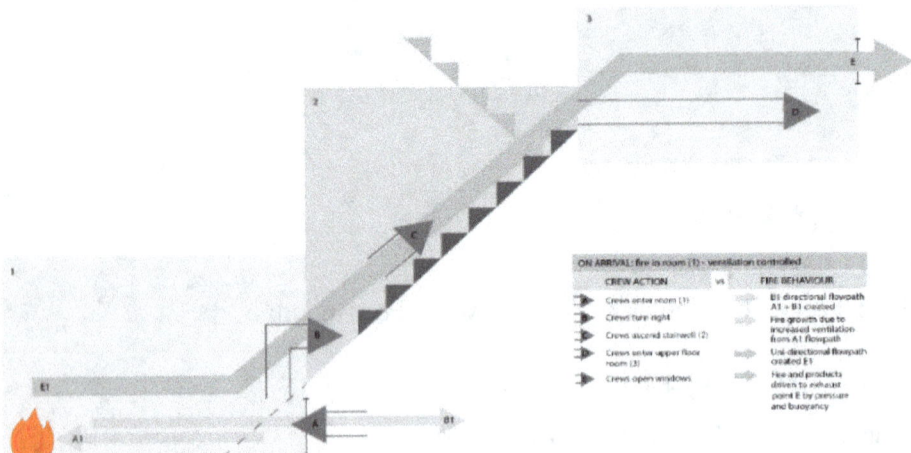

두 번째 그림에서 화재가 라운지 구역에 있었음을 알 수 있다. 지정된 '수색 경로(search route)'에 따라 두 대원은 화재실을 우회해 내부 계단으로 올라갔고 심한 연기로 인해 화점을 정확하게 찾을 수 없었다. 중성대가 낮았다는 것은 환기가 통제된 상황임을 나타내며 이는 예상치 못한 공기유동경로를 만들지 않도록 주의해야 함을 의미한다. 사실상 그들은 화재를 등지고 위층으로 올라갔다.

첫 번째 그림의 오른쪽 위 공간인 두 개의 침실에 도착한 소방대원들은 환기를 위해 창문을 열었고 그 결과 뚜렷한 배기구 공기유동경로가 만들어졌다. 이로 인해 열린 출입구를 통해 공기가 유입돼 화재에 공기를 공급하고 연소를 도우며 더 높은 수준의 두 배기구 또는 '배기 경로'가 만들어졌다. 자연 부력과 가스의 압력으로 인해 화재 가스가 대원들이 열어 놓은 창문 쪽으로 이동하며 사실상 '굴뚝 효과(chimney effect)'가 발생했다. 소방대원들은 화재와 배기구 사이, 즉 '치명적인 깔때기(fatal funnel)' 또는 '킬 존(Kill Zone)'에 위치하게 됐다.

두 명의 소방대원은 비상구를 통해 즉시 11층으로 탈출하는 데 성공했지만 안타깝게도 다른 두 명의 소방관은 탈출하지 못했다.

 소방대원들에게,

셜리 타워 사례를 통해 화재 공학에 대해 무엇을 배울 수 있을까?

블레이나(Blaina), 베스널 그린(Bethnal Green), 해로우 코트(Harrow Court) 사례와 마찬가지로 소방 대응의 모든 영역에 걸쳐 많은 교훈과 학습 포인트가 있다. 그러나 화재 공학과 관련해 셜리 타워스(Shirley Towers) 사례는 이 책 전체에서 여러 번 반복한 두 가지 요점을 가장 명확하게 보여주는 사례이다.

1. 무엇보다도 화점을 찾아서 진압하고 다른 위험들을 줄이길 바란다. 이것이 대원들에게 가장 기본적인 지침이었지만, 안타깝게도 화염은 이미 그들의 머리 뒤로 지나가고 말았다. 이는 왜 구획실 화재 성상 훈련을 자주 실시해야 하는 지와 훈련 시 열화상 카메라와 같은 장비를 사용하는 것의

중요성을 강조하는 부분이다.

2. 공기유동경로 흐름의 인식, 그리고 이해·제어. 이 책 전체에 걸쳐 PVT의 중요성에 대해 강조했다. PVT는 흐름 경로를 만들 때 가압되고 가열된 가스가 압력이 낮은 영역으로 이동하므로 화재 공급원과 배기구 사이에 끼어서는 안 된다는 것을 의미한다. 또 화재에 공기, 즉 산소를 공급함으로써 화재 발생 속도를 높이고 환기 조건을 변경하며 성공적인 진압을 위한 현장활동 시간을 단축할 수 있다.

다음 동영상들은 이 챕터를 이해하는 데 도움이 될 것이다. Youtube 채널에서 찾을 수 있다.

Ben Walker & Shan Raffel Firefighter Training
유튜브 채널, 교육 부교재 영상 수록집

※ 챕터별 참고 영상이 수록돼 있습니다.

Video and Hyperlinks

On Demand News- Southampton Firefighters Killed

IFE- Incident of Special Interest

🔥 요약 Chapter summary

이러한 직무상 순직사고에는 각각 관련성이 있는 특정 요인들이 있다. 기류와 공기 유동경로의 영향은 각 사건에서 두드러지게 확인되었다. 1866년 출간된 제임스 브레이드우드의 저서 '화재 예방과 화재 진압'(James Braidwood from his 1866 book Fire Prevention and Fire Extinction)에 표현된 글귀를 떠올리며 이 장을 마무리하겠다.

'화재를 처음 발견했을 때 모든 문, 창문 또는 기타 개구부를 닫고 계속 닫힌 채로 유지해 두는 것이 가장 중요하다. 구획실 화재 발생 후 한 층은 비교적 화재의 피해가 닿지 않는 반면 위층과 아래층은 거의 다 타버린 것을 종종 볼 수 있다. 이는 특정 층의 문이 닫혀 있어 외풍이 다른 곳으로 향하기 때문에 발생한다. 현장에서 화재를 발견한 사람이 화재가 그에게 다가올 것 같은 위험을 발견하면 부적절한 수단으로 불에 대항하려는 비효율적인 노력보다는 화점에 공기가 유입되는 것을 차단하고 소방대원의 구조의 손길이 닿을 수 있는 범위 내에서 대원들의 도착을 기다려야 한다'

▲ (브레이드우드, 런던, 1866 Braidwood, p63, London, 1866)

브레이드우드는 1866년 이미 화재에 공기가 유입되는 공기유동경로를 만드는 것의 위험성과 '통풍로 즉, 개구부(draughts)'를 만드는 것의 위험성을 알고 있었다. 우리는 이러한 지식을 실천하는 이행자로서 현장활동하고 업무 수행 과정에서 이를 효과적으로 이해하고 구현하는 것이 필수다.

화재가 발생한 건물을 빠져나올 때 문을 닫아 그 구역에 화재를 가두고 그 이상의 발달을 제한하고 '환기 통제(ventilation controlled)' 상황을 만들면 도움이 된다는 위와 같은 조언과 이러한 요소들을 신중하게 고려하지 않고 화재에 무분별하게 접근하면 여러가지 비효율적인 행동이 발생할 수 있다. 그리고 이는 종종 비극적인 결과를 초래한다.

▲ '많은 것이 변할수록 오히려 변하지 않는 것이 더 많다'라는 브레이드우드(Braidwood)의 유명한 어록은 150년 전이나 지금이나 여전히 유효하다. 그리고 이것이 이 책의 집필 동기가 됐다. 이 책이 현장 소방대원들에게 실질적으로 도움이 되는 실용적인 가이드가 되길 희망한다.
'The more things change… the more they stay the same.' Braidwood's words are as relevant today as they were 150 years ago. This has been the motivation for the creation of this manual. A practical guide to help the Firefighters on the ground.

제12장

결론

Chapter 12
-
Conclusion

션 라펠(Shan Raffel) 강사와 그의 국제CFBT강사과정 제자들(2019년 태국 CFBT Thailand훈련장에서)

제12장
결론
Chapter 12: Conclusion

화재대응공학에 대한 이 기본 입문서의 마지막에 다다르면서 몇 가지 기본 사항을 소개하고, 요점을 명확히 하면서 이 흥미롭고 위험에 중요한 분야에 대해 더 많이 배울 수 있는 지식이 쌓였기를 바란다.

이 책에서 얻은 기초를 바탕으로 더 심도 있고 더욱 전문적인 서적으로 넘어갈 수 있기를 바란다.

물론 이 책 시리즈 2부인 '화재 읽기-현장 평가에 대한 완벽한 가이드(Reading Fire- A complete guide to scene assessment)'와 3부 '화재 진압-전술 및 기술(Fighting Fire- tactics and techniques)'도 함께 읽어보기를 추천한다.

가장 중요한 것은 필자는 늘 여러분의 의견을 듣고 싶다는 것이다. 만일 이 책이 도움이 됐다고 생각하거나 부족한 부분을 발견하면 www.benwalkerfirefighter.com 이나 shan.raffel@gmail.com을 통해 언제든지 연락해 여러분의 소중한 의견을 공유해 주기 바란다. 이 책은 소방에서 여러분 자신의 여정을 시작하고 소개하는 책일 뿐이라는 점을 기억해 주길 바라며 마무리한다.

▲ '시카고 소방서의 스쿼드 1과 함께 화재 진압'
'Fighting Fires with Squad One of the Chicago Fire Department'

계속 배우고, 우수한 대원이 되기 위해 노력하고, 현장에 주의를 기울이고, 소방대원 그리고 본인의 안전을 늘 최우선으로 생각하길 바란다.

▲ 2018년 로테르담 팔크에서 열린 CFBT 강사 레벨 1, 2 과정
CFBT Instructor Level 1 and 2 at Falck, Rotterdam 2018

▲ 전설적인 재난 현장 지휘관이자 스승님인 앨런 브루나치니(Alan Brunacini)와 함께 포스를 느껴보길.
Feeling the force with legendary Chief and Incident Command Guru Alan Brunacin

참고문헌 References

서적
Books

Braidwood, J (1866). Fire Prevention & Fire Extinction. (1st ed.). London: Bell & Daldy.

Brunacini, N. (2012). Staring into the Sun. (1st ed.) Phoenix: Nick Brunacini Publications

John D. DeHaan, 2002. Kirk's Fire Investigation (5th Edition). 5 Edition. Prentice Hall.

Drysdale, D (2011). An Introduction to Fire Dynamics. 3rd ed. Edinburgh: Willey

Gregory E. Gorbett, James, L. Pharr, 2010. Fire Dynamics. 1st Edition. Prentice Hall.

Grimwood, P (2008). Euro Firefighter. Huddersfield, England: Jeremy Mills Publishing.

Grimwood, P et al (2005). 3D Firefighting. (1st ed.). United States: University of Oregon press.

Institution of Fire Engineers (2004). Elementary Fire Engineering Handbook.(3rd Edition) Leicester. IFE publications

매뉴얼
Manuals

Crown Copyright (1997). Fire Service Manual Volume 2: Compartment Fires & Tactical Ventilation. London. The Stationary Office.

Crown Copyright (1998). Fire Service Manual Volume 1: Physics & Chemistry for Firefighters. London. The Stationary Office

Crown Copyright. (2001) Fire Service Manual Volume 3: Basic Principles of Building & Construction. London. The Stationary Office

매뉴얼
Manuals

"Diethyl Ether – Safety Properties". Wolfram|Alpha.
Fuels and Chemicals – Autoignition Temperatures, engineeringtoolbox.com
Cafe, Tony. "PHYSICAL CONSTANTS FOR INVESTIGATORS". tcforensic.com.au. TC Forensic P/L. Retrieved 11 February 2015.
"Butane – Safety Properties". Wolfram|Alpha.
Tony Cafe. "Physical Constants for Investigators". Journal of Australian Fire Investigators. (Reproduced from "Firepoint" magazine)
"Flammability and flame retardancy of leather". leathermag.com. Leather International / Global Trade Media. Retrieved 11 February 2015.
"Hydrogen – Safety Properties". Wolfram|Alpha.
Forest Products Laboratory (1964). "Ignition and charring temperatures of wood" (PDF). Forest Service U. S. Department of Agriculture.

웹사이트
Websites

Fishlock, M. 2012. High Rise Firefighting co uk. [Online]. [July 2015]. Available from: www.highrisefirefighting.co.uk

Hartin, E. 2010. Compartment Fire Behaviour Training– United States. [Online]. [July 2015]. Available from: www.cfbt-us.com

United States Department of Commerce: National Institute of Standards & Technology [Online] [July 2015] www.nist.gov/fire/

NASA– Research Materials– original no longer available
Unknown Author: www.greenmaltese.com

Raffel, S. Understanding the Language of Fire: Be Safe
www.fireengineering.com/leadership/shan-raffel-understanding-the-language-of-fire-be-safe-think-be-sahf/.

저널
Journals

Grimwood, P. 2000. Compartment Firefighting: Finding the right flow rates. FIRE magazine. 1(September), Pavilion Publications.

Burgess, MJ & Wheeler, RV. 1911 The lower limit of inflammation of mixtures of the paraffin hydrocarbons with air. Journal of the Chemical Society

명제
Thesis

Dave, J. 2012"Heat Release Rate– the single most important variable in fire". MSc Fire Dynamics dissertation, University of Leeds, United Kingdom.

추가 문헌들 Additional Documentation	"Course Materials": **Level 1 Fire Investigators Course** "Fire Dynamics" courtesy of Tyne & Wear Fire & Rescue Service **Skills for Justice Awards:** Level 3 Certificate in the Instruction of Compartment Fire Behaviour Training. **Tyne & Wear Fire & Rescue Service:** Breathing Apparatus Instructors' Course materials circa 2008 edition **Institution of Fire Engineers– International Compartment Fire Behaviour Instructors' Certification** Levels 1,2, Internal Assessor and Verifier qualifications **Reports/Case Studies/Associated Materials:** **Institution of Fire Engineers– Firefighter Safety Database–** Adam Course **Harrow Court Report:** Fire Brigades' Union/Paul Grimwood **Shirley Towers Report:** Hampshire FRS, Hampshire Constabulary, Fishlock, M **Bethnal Green Road Report:** courtesy of London Fire Brigade personnel. **Blaina Report:** courtesy of UK Fire & Rescue Service public domain materials citation of report & inquest carried out 1996.
구두적인 정보 (회의)/ 비공식 교육들 Verbal Information (conferences)/ Informal Instruction:	Svensson, Professor Stefan. International Fire Instructors Workshop, Indianapolis 2015. Agerstrand, Lars. International Fire Instructors Workshop, Indianapolis 2015. Hartin, Ed. International Fire Instructors Workshop, Indianapolis 2015. Gough, Dr Bill. Ongoing advice, instruction & guidance 2013 onwards. Raffel, Shan. Ongoing advice, instruction & guidance 2013 onwards.

훈련정보

Shan.raffel@gmail.com

www.aus-rescue.com

www.CFBT-international.com

www.linkedin.com/in/shanraffel

Wikipedia- Shan Raffel- en.wikipedia.org/wiki/Shan_Raffel

igfirerescue@gmail.com

www.fireandsafetyconsultant.com

Wikipedia- Ben Walker-
en.wikipedia.org/wiki/Benjamin_Walker_(firefighter)

Free online training benwalkerfirefighter.moodlecloud.com
(limited to 50 participants at once.)

- International Training Instructor Courses, Seminars, Conferences and Online Training
- Live Fire Facility Design, Development, Commission and Installation plus Instructor/Operator Training
- Occupational Health, Safety & Risk Management Services
- Training and Command Courses
- Fire Safety Assessor Courses
- And many more available.

소방관을 위한 화재대응공학
Fire Dynamics for Firefighters - edition 2
구획실 화재진압 시리즈 1부
Compartment Firefighting Series Volume 1

초판발행	2024년 2월 28일
저자	벤자민 워커 Benjamin Walker BA(Hons) FIFireE (Godiva Award) MSoA EMT 션 라펠 Shan Raffel AFSM EngTech CFIFireE CF
편역	이형은 김준경 한창우
감수	윤태승 양재영
검수	최창모 최기덕 최힘찬 이병주 홍덕우 하명호
사진	CFBT-Thailand(Chadchaleo Bunnag)
교정·교열	유은영
편집디자인	조은서
ISBN	978-0-6451420-4-4
정가	$48 AUD

이 책은 저작권법의 보호를 받습니다.
수록된 내용은 무단으로 복제, 인용, 사용할 수 없습니다.

Copyright © 2021 Ben Walker and Shan Raffel All Rights Reserved

글꼴 출처 - KoPubWorld돋움체, 여기어때 잘난체 고딕, G마켓 산스, Pretendard, Orbit

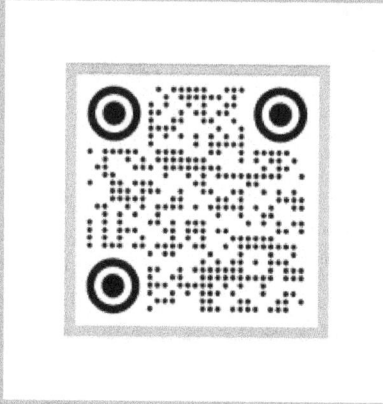

IFE Recognized CFBT Course와 함께

www.ingramcontent.com/pod-product-compliance
Lightning Source LLC
Chambersburg PA
CBHW051423290426
44109CB00016B/1417